OPERATION OF HYDRAULIC STRUCTURES OF DAMS

EXPLOITATION DES STRUCTURES HYDRAULIQUES DE BARRAGES

T0227983

INTERNATIONAL COMMISSION ON LARGE DAMS
COMMISSION INTERNATIONALE DES GRANDS BARRAGES
61, avenue Kléber, 75116 Paris
Téléphone : (33-1) 47 04 17 80
http://www.icold-cigb.org./

Cover/*Couverture* :
Cover illustration: "Ladybower Reservoir" / *Illustration en couverture: Ladybower Reservoir*

CRC Press/Balkema is an imprint of the Taylor & Francis Group, an informa business
© 2022 ICOLD/CIGB, Paris, France

Typeset by CodeMantra
Published by: CRC Press/Balkema
Schipholweg 107C, 2316 XC Leiden, The Netherlands
e-mail: enquiries@taylorandfrancis.com
www.routledge.com – www.taylorandfrancis.com

Original text in English
French translation by
Layout by Nathalie Schauner

Texte original en anglais
Traduction en français par
Mise en page par Nathalie Schauner

ISBN: 978-1-032-22931-7 (Pbk)
ISBN: 978-1-003-27481-0 (eBook)

COMMITTEE ON OPERATION, MAINTENANCE AND REHABILITATION OF DAMS

COMITÉ SUR L'EXPLOITATION, L'ENTRETIEN ET LA RÉHABILITATION DES BARRAGES

(2017–2020)

Chairman / Président

France   A. YZIQUEL

Vice-Chairman / Vice-Président

United States / États-Unis   D. JOHNSON
South Africa / Afrique du Sud   P. PYKE

Members / Membres

Australia / Australie   S. FOX
Brazil / Brésil   J. SILVEIRA
Canada   M. DAVACHI
China / Chine   S. LI
Czech Republic / République Tchèque   D. KRATOCHVIL
Germany / Allemagne   H. DR. HAUFE
Italy / Italie   E. BALDOVIN
Japan / Japon   H. MUKOUHARA
Norway / Norvège   T. KONOW
Romania / Roumanie   R. SARGHIUTA
Russia / Russie   A. KATUNIN
Spain / Espagne   E. ORTEGA
Sweden / Suède   F. MIDBOE
Switzerland / Suisse   R. LEROY
Turkey / Turquie   C. AKER
United Kingdom / Royaume-Uni   C. GOFF

Co-opted member / membre co-opté

United States / États-Unis   S. KORAB
Sweden / Suède   E. PER
Spain / Espagne   D. PEREZ CECILIA
Iran   S. YOUCEFI

SOMMAIRE	CONTENTS

TABLE DES MATIÈRES

TABLE OF CONTENTS

FIGURES

FIGURES

PREAMBULE

PREMIÈRE ÉDITION (1984)

Le présent bulletin, élaboré par un groupe de travail du Comité Français des Grands Barrages pour le compte du Comité de l'Hydraulique des Barrages de la CIGB s'appuie essentiellement sur les informations recueillies auprès de divers Comités Nationaux à la suite d'une enquête internationale lancée en 1978.

Nous tenons à remercier les Comités Nationaux des 16 pays dont les renseignements ont contribué à l'élaboration de ce rapport. Afrique du Sud, Australie, Autriche, Belgique, Brésil, Chine, Espagne, États-Unis, France, Japon, Mexique, Pays-Bas, Suisse, Tchécoslovaquie, Thaïlande et Zimbabwe ont fourni des informations sur 128 barrages dont les modes d'exploitation sont caractéristiques des pratiques et des tendances constatées dans ces pays. Les renseignements généraux ainsi recueillis ont été complétés par l'expérience des membres du groupe de travail.

Nous exprimons notre gratitude aux organismes énumérés ci-après qui ont bien voulu nous communiquer les renseignements nécessaires à la rédaction des exemples donnés en annexes.

DEUXIÈME ÉDITION (1986)

Cette nouvelle édition, revue et corrigée, tient compte de l'expérience acquise depuis la première édition.

RÉVISION (2017)

Une révision majeure des documents précédents a été jugée nécessaire, en raison des expériences acquises, du temps qui s'est écoulé depuis la dernière édition et des progrès technologiques et dans les méthodes d'exploitation.

FOREWORD

1ST EDITION (1984)

This Bulletin has been prepared by a working group of the French Committee on Large Dams and is a collation and discussion of the data collected by the ICOLD Committee on Hydraulics for Dams by means of an inquiry and questionnaire, launched in 1978.

The response of the 16 National Committees who sent in the information on which this report is based is particularly appreciated and they are thanked for their efforts. In all, the National Committees of Australia, Austria, Belgium, Brazil, China, Czechoslovakia, France, Japan, Mexico, Netherlands, South Africa, Spain, Switzerland, Thailand, United States and Zimbabwe forwarded details on 128 dams whose operation is considered typical of current practice and trends in those countries. Besides this, the report makes use of information available from the experience of the members of the working group.

We should express our gratitude to the above organizations who kindly submitted the information necessary for the examples given in appendices.

2ND EDITION (L986)

Further experience acquired since the first and second editions have been incorporated in this second revised edition, as Bulletin 49A. Several sections have been added and other sections modified to incorporate the advances in monitoring, operation, and communication technologies.

REVISION (2017)

Further experience acquired, the long passage of time since the previous revisions, changes in technology and operational procedures required a major revision of this useful Bulletin.

1. INTRODUCTION

Certains risques inhérents aux barrages sont fréquemment évoqués, alors que d'autres, qui ont été parfois à l'origine d'accidents graves, sont passés sous silence : c'est le cas des risques liés à l'exploitation des ouvrages hydrauliques.

Ces ouvrages présentent en effet les particularités suivantes :

- Ils sont souvent complexes ;

- Leur fonctionnement met en jeu des énergies considérables ;

- Leur bonne marche doit pouvoir être assurée à tout moment sans aucune défaillance ;

- On peut être amené à les utiliser dans des conditions extrêmes, au moment même où la météorologie peut contrarier les interventions du personnel (accès emportés, alimentation en énergie interrompue, télétransmissions hors service).

Les risques sont généralement passés sous silence car ils relèvent du quotidien et sont plus difficiles à identifier et à circonscrire que les autres.

Pour les éliminer, l'exploitation doit être prévue en détail à l'avance:

- au stade de la conception des ouvrages : il est important de choisir un projeteur expérimenté, capable d'intégrer les conditions futures d'exploitation dans l'établissement du projet;

- au stade de l'exploitation proprement dite : il est essentiel qu'au moment de la mise en service, des consignes claires et complètes soient prêtes et que des structures convenables d'exploitation soient en place; les consignes doivent prévoir toutes les conditions possibles de fonctionnement, sans perdre de vue qu'au moment critique l'exploitant sera entièrement livré à lui-même et devra agir dans un délai très court; de plus, les ouvrages devront être soigneusement entretenus pour être toujours en parfait état de fonctionnement

Ce n'est qu'ainsi que le propriétaire du barrage peut s'acquitter de toutes ses fonctions.

Le présent Bulletin traite plus spécialement des points suivants :

- Chapitre 2 : Rôle et importance des ouvrages hydrauliques des barrages, et qualités que ces ouvrages doivent présenter pour une bonne exploitation ;

- Chapitre 3* : Rôle du personnel d'exploitation ;

- Chapitre 4 : Contrôles et essais des ouvrages hydrauliques des barrages ;

- Chapitre 5* : Exploitation en période de crue ;

- Chapitre 6 : Conclusions;

- Annexes : Exemples d'exploitation de barrages, notamment en période de crue.

(*) Chacun des chapitres 3 et 5 comporte une première partie traitant des différentes pratiques en vigueur, et une seconde constituant un commentaire de ces pratiques, assorti de recommandations ou de remarques.

1.   INTRODUCTION

Some hazards relating to dams are frequent subjects of discussion, while others, which nevertheless may cause serious accidents, are ignored in the literature. Such is the case of operation of hydraulic appurtenances of dams.

For them, hazards stem from the following particulars:

- the structures are often complex;

- they control considerable energies;

- they must function unfailingly whenever necessary,

- they may have to operate under extreme conditions at just those times when bad weather adversely affects access by operating staff, communications failures, interruptions of power supplies and data transmission.

Those hazards are generally not mentioned, since they are relating to the everyday operation and are not so easy to be identified and described as some others.

To avert such hazards, the operation of hydraulic structures must be planned in depth and in advance:

- at the design stage: it is important to choose experienced designers for having a skillful and robust design that does not ignore the conditions under which the appurtenances will operate;

- at the operation stage: it is essential that clear and comprehensive operating instructions are ready at the time the dam is first commissioned and that appropriate management and command arrangements are set up, those operating procedures should cover the full range of the operating conditions, bearing in mind that the staff may be isolated from outside help just at the critical time when prompt action is needed; also, the hydraulic structures must be well maintained in good working order throughout their terms of use.

It is only in this way the dam owner can discharge all his duties.

This Bulletin deals more specifically with the following:

- Chapter 2: Desirable operational features - Importance of outlet works for dams and features the operator requires;

- Chapter 3*: Staffing - Part of operating personnel;

- Chapter 4: Inspection and testing of hydraulic appurtenances;

- Chapter 5*: Operation in flood seasons and latest trends in operating practices;

- Chapter 6: Conclusions;

- Appendices: A few specific examples encountered in different countries, with the main emphasis on dam operation in seasons of high river flow.

(*) Chapters 3 and 5 are both in two parts, the first describing current practices in various countries, and the second being a commentary thereon, with recommendations.

2. QUALITÉS SOUHAITABLES POUR L'EXPLOITANT

Logiquement, le problème de l'exploitation des ouvrages doit être pris en considération dès la conception du barrage. De cette conception peut en effet résulter une exploitation très facile ou inextricable; trop d'exemples montrent que le deuxième cas peut souvent se produire.

Le projeteur doit donc concevoir les ouvrages avec le souci que l'exploitation future soit absolument sûre, mais aussi que tout soit prévu pour que cette exploitation soit simple et facile, tant pour l'exécution des manœuvres que pour l'entretien. Ce souci doit se manifester à tous les stades de l'étude, que ce soit lors du choix du projet, lors de la conception des ouvrages hydrauliques eux-mêmes, ou lors de la définition des prescriptions concernant le génie civil, le matériel, les accès, etc.

Par exemple, l'exploitant apprécie au plus haut point de pouvoir disposer d'ouvrages de vidange permettant de vider la retenue. Or, si certains sites ne permettent pas d'aménager facilement de tels ouvrages (retenues de très grands volumes sur des fleuves importants), il existe de nombreux cas où on a pu en regretter l'absence ou déplorer que des ouvrages de vidange soient de trop faible capacité ou mal conçus.

L'exploitant apprécie, de plus, que ces ouvrages de vidange soient largement dimensionnés, permettant facilement le passage de corps étrangers courants.

Outre la vidange de la retenue, de tels ouvrages permettent de rester maître de la cote du plan d'eau au moment du premier remplissage, période délicate entre toutes et d'abaisser le niveau de la retenue en cas de nécessité.

Dans un grand nombre de pays, on a adopté le principe du débit réservé qui est le débit minimal à maintenir en permanence dans un cours d'eau au droit d'un ouvrage pour sauvegarder les équilibres biologiques et les usages de l'eau en aval. Il est impératif que le débit réservé soit défini dès les études préliminaires car c'est à ce stade que l'on doit définir la position et les dimensions des vannes qui peuvent avoir un impact majeur sur le projet des ouvrages.

Le débit réservé doit par la variation de son débit représenter les variations du débit naturel de la rivière. Les lâchures sont souvent coordonnées avec l'occurrence des débits naturels. Elles sont aussi programmées de façon à simuler des périodes de crues ou de sècheresse en étant calibrées pour représenter un schéma naturel de l'évènement générateur. Des contraintes de température et de qualité de l'eau, qui déclenchent les périodes de frai, peuvent amener à prévoir des prises d'eau à niveau multiples.

La distribution des débits réservés peut par exemple, consister en un petit débit variable pour maintenir le débit de base associé avec des crues occasionnelles ou des seiches. Il est également possible de considérer des crues périodiques ayant une période de retour jusqu'à 5 ans. La plupart du temps les lâchures peuvent être obtenues par les ouvrages d'exploitation du barrage. Il peut cependant s'avérer nécessaire de prévoir des vannes plus importantes pour simuler des épisodes de crues à tous les niveaux du réservoir. La capacité de débit de ces organes doit être déterminée pour chaque barrage du système. Elles peuvent être de dimensions conséquentes.

Aux yeux de l'exploitant, le souci de sécurité domine toute la question du fonctionnement des évacuateurs de crues. En effet, même lorsqu'ils ne sont pas utilisés en situation d'exception, ces organes mettent en jeu des énergies et des puissances considérables. Dans ces conditions, sont concernées non seulement la sécurité de l'ouvrage proprement dit, mais aussi celle des riverains de l'aval qui sont exposés directement aux conséquences désastreuses d'un mauvais fonctionnement des ouvrages.

Deux qualités essentielles sont demandées par l'exploitant aux évacuateurs de crues pour lui faciliter la tâche délicate de les utiliser correctement :

2. DESIRABLE OPERATIONAL FEATURES

Logically, operation of the hydraulic appurtenances must begin, so to speak, on the drawing board, because the design determines whether actual operation will be easy or difficult, and there are too many examples proving that the latter possibility can really happen.

The designer must proceed with an eye to providing absolutely safe operational characteristics, as well as straightforward, easy operation and maintenance. These two features must guide all the steps in the design process; choice of basic type, detail design, incorporation in the main structure, plant and equipment, access, etc.

As an example, it is very important for the dam operator to have outlets enabling the safe passage of floods and for the reservoir to be drawn down when required. While bottom outlets do not readily fit into some sites (as with very large reservoirs on very large rivers), there are still many cases where their absence is regrettable or where they are too small or ill designed.

The dam operator may want large capacity bottom outlets which can easily discharge the common sorts of solid matter.

Besides allowing the reservoir to be emptied in periods of low river flow, bottom outlets can also provide fine control of the reservoir during the most critical period of a dam's life, during the first filling, and drawdown the level whenever necessary thereafter.

Environmental Flow Requirements (EFRs) have been introduced as a requirement for new and existing dams in many parts of the world to ensure the proper ecological functioning of the river system downstream of dams. It is necessary to determine these EFRs in the planning stages of dam development as the EFR needs will require the size and location of the gates to be defined, which can have a major impact on dam design.

These EFRs require variable discharge to mimic the natural flow patterns which occur in rivers. The releases are often timed to coincide with natural flow events which occur. The releases are also programmed to simulate flooding and drought events where the releases are scaled up or down as appropriate to follow the natural pattern of the trigger event. There may also be special requirements to provide releases of specific temperature or water quality to provide spawning cues for fish which may require the provision of multiple level intake configurations.

The EFR discharge pattern may typically require a small but varying discharge for maintenance of river base flow interspersed with occasional smaller floods or seiches. However periodic floods of possibly up to 5-year return periods may also be required. While many of the releases can be catered for by the normal outlets provided for the operation of the dam, there may be a special need to provide large capacity discharge gates to provide for simulated floods at all stages of storage capacity. The flow capacity of these gates will be determined by the EFR requirements which will be unique for each dam and river system but could be quite large.

From the operator's viewpoint, safety is the predominant requirement for spilling provisions. As they are designed to control very substantial amounts of energy and may have only infrequent use, they may affect the safety of the dam itself and the public downstream who would suffer the consequences of inadequate performance.

There are two overriding qualities the dam operator requires of spillways to help in the demanding task of operating them correctly.

La première est la plus grande simplicité possible, d'une part dans la conception et la technologie, d'autre part, dans l'entretien et les interventions ultérieures. La simplicité de conception et de technologie permet la simplification des consignes et il est évident que des consignes simples et rapidement applicables sont un élément déterminant de la sécurité d'exploitation ; de ce point de vue, un évacuateur de crues à seuil libre constitue la solution idéale dont tout exploitant souhaiterait disposer. Même si l'installation fonctionne automatiquement, elle doit être conçue simplement, car on doit pouvoir matériellement la reprendre en exploitation manuelle en cas de panne de l'automate ; (et même dans ces cas, la simplicité est d'autant plus appréciable que le personnel est moins entraîné à manœuvrer lui-même). Quant à la simplicité d'entretien, elle constitue un facteur important d'un entretien efficace et permet de limiter la durée des indisponibilités des organes à entretenir. Ce point est important, notamment lorsque les crues sont capricieuses.

La deuxième qualité, demandée par l'exploitant aux évacuateurs de crues est la robustesse vis-à-vis tant des agressions du temps que des sollicitations auxquelles sont soumis ces ouvrages en raison des conditions de fonctionnement particulièrement sévères. On peut citer à ce sujet quelques erreurs de conception qui ont été les "bêtes noires" de nombreux exploitants : formes hydrauliques conduisant à des érosions rapides, éléments corrodables impossibles à repeindre, charpentes de vannes en treillis léger très exposées à la corrosion et constituant d'excellents pièges pour les corps étrangers, circuits électriques exposés et mal isolés, joints d'étanchéité trop fragiles ...; cette liste n'est pas exhaustive !...

Dans le même ordre d'idées, il est important que les ouvrages soient conçus en vue d'un contrôle et d'une inspection faciles.

Les progrès de la technique dans tous les domaines donnent à l'exploitant de nouveaux moyens dont l'usage se répand peu à peu, principalement sous la forme du développement de la mécanisation de l'automatisation et de la télécommande des ouvrages hydrauliques. On constatera plus loin que cette tendance est le point le plus important des évolutions en cours. On notera dès à présent que, dans ce domaine comme dans les autres, la nécessité d'assurer la sécurité des riverains et des ouvrages confère un caractère particulier à ces automatisations qui doivent être conçues de façon telle que les ouvrages hydrauliques puissent bénéficier d'une garantie de fonctionnement plus assurée que s'il s'agissait de matériel courant.

Les nouvelles technologies offrent d'intéressantes possibilités pour l'automatisation de l'exploitation. Toutefois l'utilisation de systèmes automatiques doit être jaugée à l'aune du contexte dans lequel ils seront utilisés, de la maintenance de ces systèmes complexes et de leur possibilité de pannes. À tout moment, on se doit préserver la sécurité de l'ouvrage en regard de conditions extrêmes sans mettre en danger les vies et les biens situés à l'aval. A cet effet l'infrastructure la plus simple s'est souvent montrée la plus sure et la plus robuste.

À l'origine, de nombreux barrages ont été construits comme des ouvrages isolés à but unique. Plus récemment les barrages font souvent partie d'un système comprenant plusieurs réservoirs et qui ont plusieurs buts parfois contradictoires. (Un réservoir destine au contrôle des crues est exploite d'une manière bien différente qu'un réservoir destine à l'alimentation en 'eau potable en pays aride). Ils peuvent aussi faire partie d'une cascade ou d'un basin ou un ensemble de barrages sont exploités afin d'optimiser soit l'alimentation en eau, soit la production d'énergie ou bien le contrôle des crues. La procédure d'exploitation doit bien sur tenir compte des particularités de de chacun des barrages.

The first is simplicity in terms of both design and construction, and in maintenance and repair. Simplicity of design and construction is conducive to simpler operating rules, and simple rules which can be implemented quickly are quite obviously a determining factor in safety. This means that an ungated free-overflow spillway is the ideal solution which all dam operators would prefer. And even if an automatic spillway is used, the design must still be a simple one, since it must be possible in practical terms to revert to manual control if the automatic system breaks down (and even here, simplicity is desirable in that the dam staff will have had less experience in operating the spillway). Simple maintenance is an important factor in ensuring that maintenance work is performed efficiently, and in shortening the time the spillway is withdrawn from service. This is an extremely important consideration on some rivers, especially those subject to flash floods.

The second quality the dam operator looks for is plain strong construction to make the spillway durable and resistant to the extremely severe conditions under which it operates. Some design errors which have plagued many an operator spring immediately to mind: poor flow conditions causing rapid erosion, corrodible metal parts which are not accessible for repainting, lightweight gate trusses which quickly corrode and efficiently trap floating debris, exposed, poorly insulated electrical circuits, fragile gate seals, and many others.

In the same way, the designer must consider carefully the inspection aspect at the design stage.

Advancing technology in every field has opened the way to new opportunities, the major ones of interest to us being the development of mechanization, automation, telecommunication and remote control for hydraulic structures. It will be seen later that this is the most important trend reported to us. In this field, the need to safeguard the public and the dam from related hazards imposes special requirements on automatic systems which must be designed to ensure that the outlet works will operate with the highest reliability.

Although all these new technologies present exciting possibilities for automated operation of dams, the use of automated systems must be weighed up for the context in which it will be used, the maintenance of complex systems and the possibility of failure. At all times, the safety of the structure must be safeguarded catering for extreme events without placing lives and property downstream of the impoundment at risk. To this end, the simplest infrastructure has often proved to be the most reliable and robust.

Many dams were originally developed as stand-alone dams provided for a single purpose. More recently, dams often form a part of a multi-reservoir river system developed to serve various functions which can be conflicting in nature. (A reservoir used for flood mitigation is operated differently from that required to assure water supply in an arid area.) They may also be operated in a cascade or at basin level where a system of dams is operated to optimize water supply, power generation or flood control. Any operating procedure must take into account all of the factors relevant to the particular dam.

3. LES MOYENS EN PERSONNEL

Après avoir défini quelques termes employés dans la suite, le présent chapitre donne une description des pratiques adoptées dans l'emploi du personnel et expose deux types particuliers d'organisation.

Une organisation Permanente implique qu'une ou plusieurs personnes sont à leur place de travail 24 heures sur 24 (organisation par quarts). Des équipes de zone peuvent être assignées à certaine zone particulière ; c'est-à-dire que des équipes peuvent être en charge d'autre zones que le barrage comme par exemple une usine hydroélectrique.

Une organisation semi- permanente comprend une ou plusieurs personnes présentes pendant les heures de travail mais qui sont d'astreintes à domicile le reste de la journée. Cela implique que le barrage n'est pas surveillé la nuit, ni pendant les weekends end ou les vacances. La personne d'astreinte peut être contactée à tout moment.

Finalement les relations entre les types d'organisations rencontrés et la consistance des ouvrages correspondants, ainsi que la comparaison des usages de chacun, permettront de tirer enfin quelques enseignements.

3.1. TYPES D'ORGANISATION

La situation la plus classique mais aussi la plus contraignante est d'avoir un service de quart (3 équipes) permanent sur place et propre au barrage. Ce service peut aussi être commun à plusieurs barrages ou à d'autres ouvrages (usine hydroélectrique par exemple). Il est alors souvent installé à la centrale pour des raisons de commodité d'exploitation. Le service de quart peut ne pas être permanent mais temporaire, par exemple en période de crue seulement. On peut avoir aussi un service d'astreinte assorti ou non d'un quart temporaire ou de renforts si nécessaire.

La plupart du temps, un type d'organisation donné est généralisé sur la majorité des ouvrages d'un pays. Si, par exemple, dans certains pays un service de quart est mis en place à chaque ouvrage (dirigé parfois par un service de quart plus éloigné centralisant et surveillant la bonne marche de toute une série d'aménagements), dans d'autres pays - de plus en plus nombreux semble-t-il - on constate le passage progressif à des services d'astreintes assortis de quarts temporaires en période de crue. La généralisation du service d'astreinte est d'ailleurs pratiquement réalisée dans quelques pays. Ce mode d'exploitation, qui s'accompagne d'une réduction des effectifs, est bien entendu lié à la mise en place de dispositifs automatiques de détection et de signalisation plus ou moins étendus. De façon très générale, cette réduction du nombre d'agents d'exploitation implique une amélioration de la qualification de ces agents.

Il est intéressant de décrire deux exemples particuliers d'organisation :

Premier exemple : Les barrages du bassin de la rivière Ondava en Tchécoslovaquie.

Un service de quart permanent contrôle plusieurs barrages appartenant à un même bassin versant. Des équipes d'intervention rapide sont disponibles pour agir sur n'importe quel ouvrage du bassin en cas de crue (manœuvres, surveillance, dégrillage, etc. ...). En dehors de ces périodes d'intervention, ce personnel est affecté à l'entretien.

Deuxième exemple : Les barrages construits sur le Rhône à l'aval de Lyon (France).

3.   STAFFING

After defining some of the more important terms used in this chapter, there follows a review of staffing practices and then a description of two particular types of organization.

Firstly, to define terms, a full shift organization involves one or more attendants at their place of work throughout the full 24-hour day. Area shifts will be taken to mean that the attendant or attendants also keep watch on areas other than the dam (eg, power station) or several other dams as well.

Partially attended schemes have one or more persons present during working hours and on call at home for the rest of the day. This means that the dam is unattended at night, over weekends and on public holidays, but the person in charge can be contacted at any time.

Lastly, correlations that can be found between staff organizations and the schemes they attend and comparisons between the different approaches enable a few conclusions to be drawn.

3.1.   TYPES OF ORGANIZATION

The most usual but also the most burdensome method is to have a three-shift system for each dam. Alternatively, the attendants may also watch over other dams or parts of the scheme such as the hydro-electric power station. In this instance, they are often stationed in the powerhouse, where premises are more conveniently available. A further possibility is to use an occasional three shift system, e.g., only in periods of high river flow. Partially attended dams may also be allocated occasional full shifts or extra men as necessary.

Most of the dams in a country usually employ the same type of organization. For example, some countries use three shifts for each dam (sometimes run by a full-shift service farther away, centralizing and supervising the operation of a group of schemes), but there would seem to be an increasing number of countries that are gradually moving over to partial attendance with temporary full-shift arrangements in flood seasons. In some countries, in fact, partial attendance appears to be practically the rule; while this reduces staff numbers, it must be accompanied by automatic controls of various degrees of complexity supported by the relevant infrastructure and a higher level of training.

It is instructive to describe two particular types of organization in more detail.

First example – Dams on Odra River, Czech Republic

Permanent attendants, on one shift seven days a week, watch several dams within the same catchment area. These men are responsible for maintenance, measurement and other works not only on the lake and dam body, but all catchment areas upstream the dam. There are three (24/7) shifts for rapid action to operate the gates, clear the screens and so forth when the flood is expected.

Second example - Rhone dams below Lyons, France

12 chutes sont aménagées en série le long d'un même fleuve (puissance hydroélectrique totale 2,2 GW, dénivellation totale 200 m, longueur de fleuve intéressée 300 km). Chaque chute (usine et barrage) comporte un personnel d'astreinte, le plus souvent un cadre et deux surveillants. La conduite des aménagements (y compris l'ouverture et la fermeture des vannes) est assurée automatiquement par des calculateurs. Au centre de la chaîne d'ouvrages est implanté un poste de surveillance où un agent de quart est chargé de contrôler le bon fonctionnement de l'ensemble. Lorsqu'une intervention humaine est nécessaire, le calculateur avertit le personnel d'astreinte sur place (à son domicile par téléphone) et l'agent de quart au poste de surveillance. Le rôle de cet agent se limite alors à vérifier que le personnel d'astreinte a bien été informé. Une telle solution est assez souple et satisfaisante au point de vue de la sécurité.

3.2. REMARQUES

3.2.1. Relations entre la consistance des ouvrages et les moyens en personnel d'exploitation

De telles relations ont été recherchées à partir des résultats de l'enquête effectuée dans plusieurs pays. On doit d'abord remarquer, et cela semble normal, qu'il y a très peu de personnel sur les barrages équipés uniquement d'un déversoir à seuil libre. L'enquête a montré en effet que sur 23 barrages équipés d'un tel déversoir, seulement 5 disposent de personnel de quart, d'astreinte ou affecté à l'entretien.

Le tableau suivant résume les relations entre le type de barrage et l'importance du personnel chargé de l'exploitation des ouvrages.

Il faut regarder avec précaution les chiffres figurant à ce tableau, ainsi que ceux des tableaux des § 4-1-2-2 et 4-1-3-2-c. Ils ont en effet été établis avec une "population" de barrages trop petite pour être représentative de la situation générale des barrages dans le monde. Il est rappelé que ces renseignements proviennent de réponses fournies par 16 pays seulement.

Type de barrage	Hauteur du barrage	Organisation
Remblai	< 95m	10 astreintes
		23 quarts
	> 95m	8 quarts
Voûte et voûtes multiples	< 100m	7 astreintes
		6 quarts
	> 100m	2 astreintes
		9 quarts
Gravité et contreforts	< 90m	4 astreintes
	> 90m	3 astreintes
		5 quarts

On constate qu'en général la proportion de services de quart est d'autant plus importante que le barrage est plus haut. On constate aussi qu'il y a toujours un service de quart pour les barrages en remblai de plus de 95 m de hauteur (du moins pour l'échantillon considéré)..

This is a cascade of twelve schemes on the same river. The aggregate installed hydro-electric capacity is 2.2GW and the total head is 200m over a 300km stretch. Each dam and its power station is attended in normal working hours, usually with one engineer and two watchmen. These schemes are run automatically by computers, including the opening and closing of the gates. At mid-length in the cascade, there is a monitoring centre with a shift attendant seeing that everything is working properly. If human action is needed, the computer notifies the attendant (at his home by telephone if necessary) and the shift engineer at the monitoring centre. His job is thus reduced to simply checking that the persons on call have been notified. This is a fairly flexible arrangement, and satisfactory from the safety standpoint.

3.2.   COMMENTARY

3.2.1.   Relationship between staffing and project features

An attempt was made at correlating the answers to the enquiry to see if there was any discernible correlation between staff organization and the design of the scheme. Firstly, there are few attendants at dams with ungated spillways, as would seem normal. Only five dams out of twenty-three with this type of spillway are permanently or partially attended by maintenance staff.

The following table compares dam types and staffing organization.

The tabulated figures must be approached with caution, like those in the tables in paragraphs. 4.1.2.2 and 4.1.3.2c, since they are based on a dam population that is too small to be truly representative of the actual situation worldwide. It will be remembered that they refer to questionnaires from 16 countries only.

Dam Type	Dam Height	Dams with Operating Staff
Embankment	< 95m	10 partially attended
		23 full shifts
	> 95m	8 full shifts
Arch and multiple arch	< 100m	7 partially attended
		6 full shifts
	> 100m	2 partially attended
		9 full shifts
Gravity and buttress	< 90m	4 partially attended
	> 90m	3 partially attended
		5 full shifts

It is noticeable that dams are more likely to be attended round the clock as their height increases. All embankment dams in the sample more than 95 metres of height have full shifts.

3.2.2. Commentaires

Le problème essentiel concernant le personnel est d'éviter, tout retard à l'intervention. De ce point de vue, la méthode la plus employée est de disposer d'un service de quart permanent, présent par exemple dans une usine et contrôlant plusieurs ouvrages, sans que l'on puisse préjuger si c'est l'usine ou le barrage qui nécessite la présence du personnel 24 heures sur 24. On retiendra qu'on maintient un service de quart lorsqu'il y a un nombre suffisamment de manœuvres à effectuer (soit à l'usine, soit au barrage) pour le justifier.

On discerne d'autre part une tendance caractérisée à l'emploi d'organisation d'astreinte. Cette solution est sans aucun doute sûre et économique à condition de disposer de systèmes d'alarme fiables et se trouve donc étroitement liée à un accroissement du degré d'automatisation des installations.

Par ailleurs, il semble préférable, dans la majorité des cas, d'avoir un personnel de quart pour le barrage en temps de crue, ce qui permet de vérifier le fonctionnement correct de tous les organes d'évacuation. Il est alors commode de décharger ce personnel des tâches de détermination des manœuvres et des ouvertures de vannes, par un calculateur par exemple. Mais la surveillance du bon fonctionnement des vannes ou du bon écoulement dans un chenal d'évacuation est difficile à prendre en compte par un automate et est grandement facilitée par une surveillance humaine, pour laquelle d'ailleurs un bon niveau technique est requis. Certains exploitants, mais non la majorité, estiment même nécessaire de mettre en place un service de quart dès la "période d'alerte".

On notera également le très grand intérêt de la notion de poste de surveillance de vallée permettant un contrôle continu par un personnel réduit tout en réservant la possibilité de déclencher l'alarme en cas de nécessité en mobilisant un personnel d'astreinte sur place.

3.2.2. Discussion

The main problem in staffing policy is to avoid delays in taking action. The most popular method is still to have three full shifts throughout the year stationed in a power station to keep watch on several dams, without it being possible to say whether it is the power station or the dams which require 24-hour attendance. The important point is that the shift system is used when there are enough operations in the power station or at the dams to justify it.

There is a clear trend towards partial attendance, which can be made safe and economical provided that reliable warning systems are employed. It is thus intimately tied up with the trend towards automation.

It would seem preferable in most cases, to have a three-shift system for the dam in flood seasons. The operators can check that all the outlet works are operating efficiently, and it is useful if a computer automated system, for example can relieve them of the task of deciding what gate opening or other action is necessary. It is not easy to provide automatic systems capable of checking that gates operate properly or flow in a discharge channel is unobstructed, and skilled human supervision is a much easier solution. Some (though not most) operators even consider shift working necessary right from the start of critical periods.

One should note the very great advantages of the concept of a monitoring centre for a whole valley where a small staff can keep a continuous watch and alert the other individuals on call whenever necessary.

4. CONTROLES ET ESSAIS DES OUVRAGES HYDRAULIQUES

4.1. CONTROLES

Il s'agit des contrôles effectués sur les ouvrages proprement dits (barrages, prises d'eau) et pas seulement sur les évacuateurs de crues, vannes, etc.

On distingue les contrôles effectués par des organismes indépendants de l'exploitant et les contrôles exercés par l'exploitant lui-même.

Le contrôle par des organismes indépendants de l'exploitant est rarement obligatoire légalement. On peut toutefois citer l'exemple d'un pays où l'exploitant doit faire procéder par un service de l'Etat à un contrôle annuel visuel et à une visite décennale des ouvrages immergés pour tous les barrages de plus de 20 m de hauteur.

Imposés par la loi ou non, les contrôles par l'exploitant sont, cependant, généralement très répandus. Les visites ont lieu avec des périodicités d'un à trois ans. On citera plus particulièrement le système suivant, généralisé sur certains groupes d'ouvrages :

4.2. MÉTHODES EMPLOYÉES POUR LE CONTRÔLE DES PARTIES IMMERGÉES

Le contrôle des parties immergées n'est pas pratiqué partout, certains exploitants se contentant de visites intérieures du barrage à l'aide de galeries de contrôle.

Dans le cas où on procède à de telles visites des parties immergées, si la retenue n'est pas trop importante, on la vidange. La visite est alors complète et commode, mais il faut accepter une perte d'eau importante

On utilise aussi des plongeurs (jusqu'à des profondeurs d'une centaine de mètres au maximum). La durée de plongée est limitée. Un système de vidéo permet de conserver les renseignements obtenus.

Pour les barrages mobiles, on utilise des batardeaux qui permettent de mettre à sec les vannes et leurs mécanismes les uns après les autres.

Pour les grandes retenues, on peut utiliser un sous-marin d'observation. C'est un moyen qui peut paraître onéreux mais qui présente beaucoup d'avantages :

    a. Pas de perte d'eau ;

    b. Deux personnes à bord : un pilote responsable de la plongée et un technicien :

- Les prises de vue vidéos sont faites dans de bonnes conditions;
- Le barrage peut être observe dans des conditions de fonctionnement normal;
- La plupart des endroits sont accessibles indépendamment des conditions de profondeur.

4.   INSPECTION AND TESTING

4.1.   INSPECTION

The inspections dealt with in this chapter are general dam inspections covering the dam itself, intakes, etc., and not limited to the spillways, gates, and suchlike.

A distinction is made between inspections by independent bodies and those made by the dam operator's internal organization.

Independent inspection is rarely a legal obligation, although there is an example of a country where the operator must have dams more than 20m high visually inspected by a government agency every year plus a 10-year inspection of the parts under water.

Whether or not legally required, inspection by the operator on the other hand is very widespread, at intervals of one to three years. A widespread arrangement for some groups of dams consists of a daily round by the dam attendant, inspection three times a year by an engineer, and inspection every other year by a safety board, although in general, the attendants' inspections are less closely spaced.

4.2.   METHODS FOR INSPECTING PARTS UNDER WATER

Not every country inspects the underwater parts of dams, some being content to confine themselves to the dam galleries only.

As an alternative, the reservoir can be emptied if it is not too large, enabling a full inspection to be made conveniently, although at the cost of considerable wastage of water.

Divers can be used down to about 100 metres. They can only spend a limited amount of time under water, but video provides a hard record.

Stoplogs are used on dams to dewater the gates and operating mechanisms in turn.

At larger reservoirs, a submarine* may be used. While this may seem an expensive answer, it has many advantages:

a. water is not wasted;

b. the submarine can carry two persons, the diving master and a dam specialist who needs to know nothing about underwater diving and so has his mind free for the inspection:

- ◦ film can be shot under relatively good conditions;

- ◦ the dam can be observed under normal conditions of load;

- ◦ and most parts of the dam are accessible, regardless of depth.

Une alternative moins coûteuse est l'utilisation d'engins télécommandés appelés plus communément sous le vocable ROV (pour Remotely Operated Vehicle) pour le contrôle des éléments immerges. Ces équipements sont manœuvrés depuis la surface et sont contrôlés par un cordon ombilical. À l'aide de ces ROV l'opérateur à la possibilité non seulement de réaliser des vidéos et des photographies mais peut également manipuler, nettoyer, mesurer et inspecter les éléments immergés.

Les conditions de visibilité ne sont pas toujours satisfaisantes et, bien entendu, il faut éviter de soutirer de l'eau lors de la visite, ce qui ne constitue qu'un inconvénient mineur pour l'exploitation. Les exploitants et les organismes qui utilisent ces techniques d'observation sont en général très satisfaits de cette méthode. En conclusion, la technologie moderne permet désormais de visiter les ouvrages immergés moyennant un prix acceptable ; on notera en particulier, les possibilités offertes par les sous-marins d'observation non habités et télécommandés. On ne peut que recommander aux exploitants de profiter de ces possibilités pour procéder à la surveillance des parties immergées des barrages. La périodicité de tels contrôles peut être relativement longue, de l'ordre de dix ans.

L'inspection des bassins de dissipation des évacuateurs de crue pose un problème particulier. Dans certains cas de fonctionnement fréquent, il est bon que ces inspections ne soient pas trop espacées : certains exploitants font des visites annuelles. Il peut alors être justifié (si le parc d'ouvrages est important) que l'exploitant dispose de ses propres équipes de plongeurs et de son propre matériel, lequel est alors conçu de façon spécifique à cet usage.

En cas de vidange de ces bassins en vue de leur inspection, il convient de prendre les précautions nécessaires vis à vis des sous-pressions.

*Voir le rapport no 13 du 11e Congrès ICOLD à Madrid intitulé

Inspection des grands barrages par soucoupe plongeante opérations réalisées sur divers barrages français.

4.3. ESSAIS DES ORGANES DE VIDANGE

Certains ouvrages ne comportent pas de tels organes (par exemple les très grandes retenues qu'il est impensable de vider. Dans la plupart des cas, il semble toutefois judicieux d'en installer car la présence d'un organe de vidange est un facteur très important de sécurité dans le cas où un abaissement rapide du plan d'eau s'avère nécessaire. En particulier, l'ouvrage de vidange permet un bon contrôle du niveau du plan d'eau lors du premier remplissage, même s'il ne procure pas une sécurité absolue.

Quand ces organes de vidanges existent, les essais sont souvent effectués régulièrement avec une périodicité inférieure ou égale à l'année.

Il semble recommandable d'effectuer des essais périodiques sous la charge totale et avec l'ouverture maximale compatible avec ce qui peut être supporté sans inconvénient à l'aval. Le principal avantage de cette manière de faire est de familiariser l'exploitant avec une telle manœuvre qu'il pourra ensuite effectuer sans réticence le jour où elle s'avérerait nécessaire pour la sécurité de l'ouvrage (abaissement du plan d'eau).

Les exploitants craignent souvent la production de vibrations lors du fonctionnement des organes de vidange et le risque de ne pas pouvoir refermer les vannes après leur ouverture ; en fait, l'expérience montre qu'un matériel bien conçu et bien construit donne toute satisfaction à cet égard.

A less expensive alternative is the use of a remotely operated vehicle (ROV) to inspect underwater features. These devices are operated from the surface and are controlled via an umbilical cord. Video and still photography, along with the ability to manipulate, clean, measure and inspect subsurface features are possible with ROVs.

Visibility is not always adequate, and of course nearby outlets must be closed during the inspection, but this is a minor nuisance. Both the dam operators and the inspections are generally very satisfied with this method. Modern technology in fact makes it possible to inspect submerged parts of the works at an acceptable cost, one of the possibilities being remotely controlled diving machines carrying cameras. Dam operators are strongly recommended to make use of these new methods. Inspections can be spaced quite widely apart, in the region of every ten years.

Stilling basins are a rather different problem. If spilling is frequent, inspections should not be too far apart, some operators making it a yearly occurrence. If there are enough dams on inventory, the operator may be justified in maintaining his own team of divers and specially designed equipment for this job.

If stilling basins are emptied for inspection, suitable precautions must be taken against uplift pressures.

* See Report No. 13 to the 11th ICOLD Congress in Madrid titled

Inspection des grands barrages par soucoupe plongeante opérations réalisées sur divers barrages français.

4.3.   OPERATIONAL TESTS OF BOTTOM OUTLETS

Some dams have no low-level outlets, for example where it would be unthinkable ever to empty a very large reservoir. But they would seem a wise safety precaution in most cases, since they enable the reservoir to be lowered if it becomes suddenly necessary. Even if they are not a complete guarantee of safety, bottom outlets provide good control of headwater level during the first filling.

Many operators regularly operate bottom outlets, at periods of a year or less.

It would seem desirable to make these periodic tests under the full head and open the gates as wide as is compatible with the flow that can be discharged downstream without inconvenience. The main advantage is that this familiarizes the staff with gate operation and removes the uncertainty that they might feel on the day when they must draw down the reservoir to protect the dam.

Fear of vibration during closure of the gates is very widespread among operators, but experience shows that equipment can now be built with very satisfactory performance in this respect. It is a question of good design and construction.

4.4.   EXPLOITATION ET ENTRETIEN DES OUVRAGES DE VIDANGE

Dans le cas très fréquent où l'organe de vidange possède deux vannes en série, l'obturation en période normale peut être assurée, soit par la vanne amont, soit par la vanne aval, soit par les deux vannes. Les trois pratiques se rencontrent chez divers exploitants.

La meilleure solution est de maintenir la vanne aval fermée et la vanne amont ouverte en exploitation normale. Cette manière de procéder permet de faire très peu travailler la vanne amont et de pouvoir en disposer pour exécuter les travaux d'entretien sur la vanne aval. Par ailleurs, il est avantageux de maintenir en eau le conduit de vidange. Lorsqu'il s'agit, comme c'est le cas le plus souvent, d'un blindage métallique bloqué au béton, le fait d'être en charge le soustrait aux pressions extérieures et limite les circulations d'eau extérieures à son contact.

Les difficultés d'intervention sur de tels ouvrages, ainsi que la gravité des conséquences d'un éventuel incident de fonctionnement doivent conduire l'exploitant à exiger de ses constructeurs des organes particulièrement robustes et construits avec des matériaux inaltérables. En particulier, les dimensions des organes de vidange doivent être largement calculées, pour ce qui concerne tant leur résistance mécanique que leurs conditions de fonctionnement hydraulique ; les sections de passage de l'écoulement doivent être suffisantes pour éviter les obstructions. C'est ainsi qu'une section minimale de l'ordre de 3 m^2 évite l'obstruction par la plupart des corps étrangers, sauf conditions exceptionnelles.

Pour diminuer les risques d'obstruction de tels pertuis largement dimensionnés, il y a intérêt à ne pas y installer de grille à moins de les équiper d'un dégrilleur.

4.5.   ESSAIS DES ÉVACUATEURS DE CRUE

De tels essais sont effectués la plupart du temps, mais leur périodicité est très variable suivant les ouvrages et les exploitants. Ils ne sont pratiquement jamais effectués avec l'ouverture totale des vannes, car ces ouvrages sont susceptibles d'évacuer des débits importants et leur essai à pleine ouverture entraînerait des crues artificielles et des pertes d'eau importantes. Les exploitants profitent généralement d'une époque où le niveau de la retenue est suffisamment bas pour pouvoir faire fonctionner les vannes de surface jusqu'en fin de course en évitant toute perte d'eau. On peut aussi parfois batarder les vannes l'une après l'autre et les ouvrir à sec. Bien que ce dernier essai ne soit pas entièrement significatif, le début de manœuvre peut être exécuté sous la charge totale exercée par l'eau emmagasinée entre vanne et batardeau.

De tels essais ne sont pas effectués en charge et ne constituent donc pas une épreuve complète. En fait, les raisons qui conduisent à limiter les essais des évacuateurs de crues sont de deux ordres : hydraulique et mécanique.

- a. danger de crues artificielles surtout sensibles dans les zones à forte densité démographique

- b. pertes d'eau surtout sensibles dans les pays de climat aride.

Les raisons d'ordre mécanique sont essentiellement les difficultés d'étanchement à la fermeture des vannes. En fait, il est probable que cette raison est, bien plus souvent qu'il n'y paraît, présente dans l'esprit des exploitants. Elle est inavouée mais importante. La même raison existe également pour les essais des organes de vidange. Un matériel bien conçu et un entretien régulier et sérieux doivent faire disparaître cette crainte. On doit remarquer d'ailleurs que les manœuvres à sec, si elles évitent des pertes d'eau, causent parfois des dommages à certains dispositifs d'étanchéité.

Comme cela a été dit, les déversoirs sont importants pour la sécurité et doivent être capables de fonctionner efficacement à une fraction seulement de leur capacité totale. L'exploitation proche de la pleine capacité ne se produit qu'en cas d'inondation très importante de faible probabilité et entraîne généralement des dommages très importants en aval, de sorte que les opérateurs doivent être prêts à résister aux pressions externes sur eux dans une telle situation d'urgence. Des tests de barrière réguliers aident à les préparer à cette tâche.

4.4. OPERATION AND MAINTENANCE OF BOTTOM OUTLETS

In the very frequent arrangement where the bottom outlet has two gates, one behind the other, it can be controlled under normal conditions by closing the upstream and/or downstream gate. There are three policies among operators.

The best approach is to keep the second (downstream) gate closed and the upstream gate open under normal conditions. This means that the upstream gate is not often subject to wear and so is always available for carrying out maintenance work on the downstream gate. Another point is that there are advantages in keeping the sluice full of water when it is lined with steel working in compression against the surrounding concrete, as is usually the case. Maintaining the inside pressure protects it against inwardly acting pressures and keeps down leakage between the steel and concrete.

The difficulties of working on bottom outlets and the seriousness of the consequences of any malfunction mean that the dam operator must demand very robust construction with corrosion-resistant materials. A conservative margin must be included in the sizes of all parts for strength and in the dimensions of the flow path to prevent debris jamming in the opening. An unobstructed passage of 3m² will usually circumvent any problem in this respect.

Provided the sluice is large enough, it is best not to fit bottom outlets with screens which may become blocked, unless a cleaning machine is also provided.

4.5. SPILLWAY TESTS

Spillway tests are usually prescribed but the intervals between them vary greatly at different dams and with different operators. The spillway gates are almost never opened completely because they are designed to release large amounts of water and any test to full opening would create an artificial river flood downstream and waste considerable water. Operators wait for a period of low reservoir level to open the gates fully, without losing water. Another way is to place stoplogs in front of the gates in turn and open them in the dry; this does at least test their capacity to start opening under maximum load from the water trapped behind the stoplogs.

The fact that there is no pressure on the gates during such trials means that they are not representative. There are two limiting factors on spillway gate testing that can be termed "hydraulic":

    a. there is a danger of creating artificial river floods, especially in densely populated areas, and

    b. there is a wastage of water to which arid countries are the most sensitive.

There are also "mechanical" factors, e.g., where testing the spillway gates causes difficulties in remaking the seal when they are closed again. In fact, this is probably in operators' minds more often than it would appear, a suppressed but nevertheless important reaction, and it also applies to the testing of bottom outlets. Properly designed, regularly and competently maintained gate plant must overcome this fear. It should be noted that while tests in the dry save water, they sometimes damage seals.

As was said in connection with bottom outlets, spillways are important for safety, and must be capable of operating efficiently at only a fraction of their total capacity. Operation close to full capacity only occurs in the event of a very large flood of remote probability and usually results in very considerable damage downstream, so that operators must be prepared to withstand the external pressures on them in such an emergency. Regular gate tests help prepare them for this task.

5. EXPLOITATION EN PÉRIODE DE CRUE

En raison de la très grande diversité des méthodes et moyens utilisés pour assurer l'exploitation en période de crue, il est difficile de donner ici une présentation à la fois précise et complète des renseignements fournis par les différents pays consultés. Pour tenter de clarifier la question on présentera successivement les points suivants :

Un premier sous-chapitre exposera, d'une part, les définitions rencontrées d'un état de veille ou de crue, d'autre part, les différents types de consigne utilisés, leurs objectifs, leurs moyens de mise en application, mais aussi les difficultés rencontrées dans cette application.

Un second sous-chapitre résumera les remarques, enseignements ou recommandations susceptibles d'être déduits des renseignements précédemment exposés.

En remarque préliminaire, on notera que l'exploitation des évacuateurs de crues est particulièrement délicate. Comparés aux autres ouvrages hydrauliques et à la plupart des matériels industriels courants, les évacuateurs de crues possèdent deux propriétés spécifiques qui rendent leur exploitation plus difficile : d'une part, on ne peut pas procéder à des essais préalablement à leur fonctionnement et, d'autre part, ces organes n'ont aucune "position de sécurité" vers laquelle on pourrait se réfugier en cas d'anomalie de fonctionnement (ni la position fermée, ni la positions ouverte, ni le maintien en l'état ne peuvent jouer ce rôle de position de sécurité). Des consignes précises sont donc nécessaires, afin de prévoir toutes les situations possibles.

5.1. PRATIQUES EN VIGUEUR

5.1.1. "Etat de veille" et "état de crue"

On peut définir assez facilement l'entrée en "état de crue" comme étant le moment à partir duquel les premières manœuvres prévues par la consigne doivent être effectuées. Mais la plupart du temps les consignes envisagent aussi un "état de veille".

En fait, ces deux situations sont interprétées de façons très différentes dans les divers cas rencontrés. Certains font commencer l'état de veille à la constatation de fortes pluies sur le bassin versant de la retenue. D'autres considèrent un débit entrant limite ou un niveau limite dans la retenue ou un niveau fixé de précipitations pendant un temps donné.

"L'état de crue" est décrété la plupart du temps à partir d'un débit entrant (ou parfois d'un débit déversé) préalablement fixé.

Quatre exemples particuliers illustrent cette diversité :

- Example 1 : Sur un ouvrage, trois niveaux d'alarme sont définis, le premier entraînant une présence humaine au barrage.

- Example 2 : l'état de crue peut être défini à partir d'un certain débit entrant et il existe un état d'alerte plus grave défini par la conduite suivante : "état de crue à réservoir plein".

- Example 3 : l'état de veille est défini par le franchissement d'une "courbe d'alerte" en fonction du niveau et du débit entrant. On essaye alors de turbiner le surplus de débit entrant. Si cela ne suffit pas pour passer en deçà de la "courbe d'alerte", le surveillant d'astreinte se rend sur le barrage et l'état de crue est décrété.

- Example 4 : enfin, pour certains ouvrages, les états de veille ou de crue sont définis pour l'ensemble d'un bassin versant et non pour un ouvrage isolé.

5.   OPERATION IN FLOOD SEASONS

Because of the very great diversity of operational methods and systems for routing floods, it is difficult to report answers to the enquiry concisely. To clarify matters, we first examine, in a first section, the different ways the concepts of standby and flood procedures are understood.

We shall then address flood warning methods and the information used for this purpose, and then look at the objectives of gate operation, i.e., the situation the flood rules seek to produce. Next the various methods of gate operation will be described, with an attempt to classify them. We shall conclude with a description of how the gates are operated, and the few problems associated with proper implementation of the flood rules.

The second section briefly states the few lessons and recommendations that we have attempted to draw from this information.

Before proceeding, it must be remarked that spillway operation is a very arduous issue. Compared with other hydraulic works, spillways have two specific aspects which can trouble operators. Firstly, there is no way of providing a full-scale test before occurrence of the real flood event. Second, there is no rule of thumb which may be followed while a flood persists. Flood operating procedures must give precise rules in all possible situations.

5.1.   CURRENT PRACTICE

5.1.1. Standby and flood procedure periods

The moment at which the flood procedure must be brought into operation can be defined quite easily, as being the start of the period when the first gate operation required under the flood rules must be performed, but a standby period is also usually stipulated.

These two situations are understood differently in different cases. For some operators, standby begins when heavy rains are recorded over the reservoir catchment. Others set an inflow or reservoir level thresholds, or a given amount of precipitation over a given period.

A flood is usually taken as commencing when inflow (or spillage) reaches a set level or reservoir level may be the set value.

Four examples from specific dams illustrate this diversity:

- Example 1: Three levels of alert, the first requiring men to be present at the dam.

- Example 2: Flood defined based on a set inflow into the reservoir, but there is a more serious level of alert when a flood so defined enters the reservoir when it is already full.

- Example 3: Standby commences when an alert curve (level versus inflow) is reached. The surplus inflow is discharged through the turbines, but if this is not enough to bring flow down below the alert curve, the attendant on call goes to the dam and a flood is considered to have commenced.

- Example 4: Standby and flood periods are defined for the whole catchment, rather than for each individual dam.

Pour clarifier et tenter de définir une terminologie fondée sur des notions concrètes utiles à l'exploitant, nous définirons :

- Un "état de veille" pendant lequel on n'est plus en exploitation courante et on devra, en application d'une consigne particulière, contrôler l'évolution de certains paramètres (niveaux, débits...). "L'état de veille" pourra être déclenché par le personnel d'exploitation de routine, s'il existe, ou par un automate.

- Un "état de crue" pendant lequel des manœuvres sont exécutées (ouverture ou fermeture des vannes).

On notera que la distinction entre "état de routine", "état de veille" et "état de crue" dépend, pour un barrage donné, de la manière dont est conçue l'exploitation, notamment de son degré d'automatisme.

En particulier, pour une exploitation de type que nous appellerons "intégrée", il n'y a pas de limite franche entre ces différents états. C'est le cas, par exemple si l'évacuateur de crues est un déversoir à seuil libre ou un déversoir équipé d'une vanne entièrement automatique, ou si l'exploitation (y compris l'ouverture des vannes) est entièrement conduite par un calculateur.

Quand la surveillance des paramètres à contrôler est assurée par un automate, l'état de veille ne se différencie guère de l'état de routine. Nous maintiendrons néanmoins cette distinction car elle est adoptée par la majorité des exploitants.

On examinera plus loin l'influence de l'importance de la retenue sur les consignes de crues. On peut cependant observer dès maintenant qu'un aménagement entre d'autant plus tôt en "état de veille" et en "état de crue" que le volume de la retenue est plus petit vis-à-vis du volume des crues.

Nous définissons ici les notations que nous emploierons dans la suite du texte :

- Niveau de la retenue en amont du barrage N

- Vitesse de variation du niveau de la retenue dN/dT

- Débit Q

- Vitesse de variation du débit dQ/dT

5.1.2. Mise en "état de veille"

5.1.2.1. Types de situations rencontrées

On est amené à distinguer quatre types de situation en ce qui concerne la mise en "état de veille" à l'arrivée d'une crue.

a. Pour les ouvrages équipés de déversoirs à seuils libres où l'intervention humaine n'est pas nécessaire, il n'y a pas d'"état de veille" à proprement parler, sauf dans certains cas où une alerte est déclenchée par des moyens automatiques ou manuels en vue d'avertir le personnel d'un prochain déversement.

b. La crue peut être annoncée par du personnel recueillant des informations, par exemple par la lecture de niveaux ou de débits. Les informations peuvent aussi être transmises à distance, le personnel disposant alors de télémesures. Les limniphones (limnigraphes enregistreurs qu'on peut consulter par téléphone) en sont un bon exemple. On voit apparaître maintenant des systèmes entièrement automatiques directement raccordés à des postes d'acquisition et à des calculateurs, dont les performances sont évidemment supérieures. Ces systèmes trouvent leur pleine utilité lorsque l'exploitation est gérée automatiquement (ci-après paragraphe d).

To clarify the debate and arrive at a terminology that is directly relevant to the operator's needs, we shall use the following definitions:

- Standby period during which routine operation is suspended and special rules are followed to control certain parameters (water levels, flow rates, etc.). Either the routine operating staff (if any) or an automatic system can give the signal to start the standby period.

- flood period is the period during which the gates are operated.

It must be remembered that the distinction between routine operation, standby and flood period depends on the way each dam is operated, including the amount of automatic control applied.

For what we shall call "integrated" operation, there is no clear demarcation between these three conditions. This is the case for example if the spillway is an ungated overflow type or has fully automatic gates, or if the dam (including the gates) is run entirely by computer.

If the parameters are automatically monitored, standby is hardly different from routine operation. The distinction must nevertheless be made, since it is used by most operators.

The effect of reservoir size on flood regulation will be dealt with later, but it can be remarked at this point that standby and flood rules are implemented earlier when the storage capacity is small as compared with river floods.

The notation used in the rest of this chapter is defined as follows:

- Reservoir level N

- Rate of change in reservoir level dN/dT

- Flow Q

- Rate of increase in flow dQ/dT

5.1.2. Standby

5.1.2.1. Different types of situations

One can distinguish four types of situations as far as standby for the arrival of a flood is concerned:

a. The first concerns dams with ungated overflow spillways requiring no human action. There is no standby period proper, except in certain cases where a warning signal is given either automatically or manually to let the personnel know that spilling is imminent.

b. Warning of the flood may be given by the personnel collecting information. This may be done by taking readings of levels or flow rates at the dam or the information can be telemetered. Water level recorders which can be interrogated by telephone are a good example. We now have fully automatic systems connected directly to monitors and computers whose performance is obviously much superior. Such systems develop their full potential with fully automated dams (paragraph d) below).

Dans le cas présent de mise en état de veille à l'initiative du personnel, la constatation de précipitations importantes peut être le critère déterminant.

    c. Un dispositif automatique peut déclencher l'"état de veille" en fonction d'un ou plusieurs paramètres. Le niveau et/ou sa variation sont utilisés le plus souvent. Ces dispositifs peuvent être très simples et donc fiables ; ils sont souvent employés en redondance avec la méthode précédente. Il existe ainsi souvent une alarme donnée par du personnel, assortie d'une alarme automatique. Parfois il n'existe qu'une alarme automatique ; il faut alors veiller à l'entretien régulier du dispositif pour en assurer le bon fonctionnement et la fiabilité.

    d. Il existe enfin des ouvrages dont l'exploitation est gérée automatiquement par un calculateur. Il n'y a donc pas "état de veille" à proprement parler en dehors du fait que l'information du personnel de surveillance est assurée (voir remarque ci-dessus).

Notons pour terminer que la mise en "état de veille" doit être d'autant plus précoce que la capacité de la retenue est plus faible par rapport au volume de la crue.

5.1.2.2. Critères utilisés pour la mise en "état de veille"

Sur la base des enseignements fournis par l'enquête et qui portent sur 120 ouvrages, le tableau ci-dessous donne la liste des critères utilisés pour déclencher l'"état de veille" et, pour chacun d'eux, le nombre de barrages pour lequel ce critère est utilisé.

Facteurs	Nombre de barrages
- Précipitation	63
- Vitesse de variation du niveau de la retenue	57
- Niveau de la retenue	47
- Rejet du déversoir	46
- Débit mesuré en amont	43
- Débit mesuré dans le réservoir	40
- Taux de variation du débit du cours d'eau	33
- Niveau d'eau aux points en amont	31
- Débit aux barrages en amont	28
- Rejet autre que par déversoir	27
- Niveau d"eau en aval	24

On constate qu'en moyenne 3 à 4 critères sont utilisés pour la mise en "état de veille".

Malgré cette diversité, la plupart de ces critères ne servent en définitive qu'à déterminer le débit entrant dans la retenue qui est le paramètre fondamental utilisé pour l'alerte. On peut le déterminer de plusieurs façons, utilisées séparément ou simultanément :

    a. La vitesse de variation du niveau de la retenue (dN/dt) est utilisée très souvent. La précision et par conséquent l'efficacité de ce paramètre varient suivant l'importance de la retenue. Pour une grande retenue, la variation du niveau est faible dans le temps et la mesure de dN est imprécise (remous dus aux vagues, au vent, etc.). Toutefois cet inconvénient est diminué par le fait qu'une grande retenue peut s'accommoder d'une certaine imprécision en raison de l'importance du volume de la tranche de la retenue correspondant à une variation donnée de son niveau. Au contraire, pour une petite retenue et des débits importants, on mesure dN avec précision, mais il existe un certain délai pour apprécier le dN, d'où un risque de retard dans l'exécution des manœuvres.

If it is a human decision which initiates the standby condition, heavy precipitation may be a determining factor.

c. There may be an automatic system signaling the start of a standby period based on one or more parameters. Water level and/or water level rate-of-change are most often used. The devices employed may be very simple and thereby reliable. They are often used in parallel with method b), the alarm being given by the personnel backed up by an automatic alarm system. Otherwise, an automatic alarm may be used alone, but the system must be regularly serviced to ensure proper operation and dependability.

d. Lastly, there are schemes run automatically by computer. There is no standby period properly so-called, except insofar as the supervisory staff are kept informed of the situation (see remark above).

We shall end with the remark that standby must be implemented earlier when reservoir capacity is small in comparison with the volume of flood inflow.

5.1.2.2. Standby criteria

From the answers to the enquiry, covering 120 schemes, the number of dams where each of the listed parameters is used to determine the start of the standby period is as follows:

Factors	Number of Dams
- Precipitation	63
- Reservoir level rate-of-change	57
- Reservoir level	47
- Spillway discharge	46
- Measured stream flow upstream	43
- Measured stream flow into reservoir	40
- Rate-of-change in stream flow	33
- Water levels at points upstream	31
- Flow at upstream dams	28
- Discharge other than through spillway	27
- Tailwater level	24

From this it can be seen that a set of three or four factors is used on average for putting the dam on standby.

It must be recognized that, despite the variety of parameters listed, many in fact only serve to determine the rate of inflow into the reservoir, which is the fundamental alert parameter. It can be determined in various ways, used separately or together.

a. Rate of reservoir rise (dN/dt) is in very widespread use, although accuracy and effectiveness vary with reservoir size. With large reservoirs, the rate-of-change is slow and cannot be accurately measured because of waves, wind effects and so on, but this drawback is attenuated by the fact that a large reservoir can accommodate some degree of imprecision because of the large extra capacity that becomes available with each incremental rise. For a small reservoir with large stream flows, on the other hand, dN/dt can be accurately determined, but there is some time lag in assessing dN, with the attendant danger of gate operations being delayed.

b. Le débit lâché par un ou plusieurs barrages situés à l'amont est un critère d'autant plus précis que ce ou ces barrages sont plus proches car il y a alors peu d'apports du bassin versant intermédiaire, mais à l'inverse le délai d'exécution des manœuvres est d'autant plus réduit.

c. Station de jaugeage à l'amont : Dans toute la mesure du possible, elle doit être implantée à l'amont immédiat de la retenue. On connaît à cet endroit la loi (N <-->Q) et le débit est obtenu avec une bonne précision. Toutefois, des difficultés peuvent résulter de l'existence de nombreux affluents débouchant directement dans la retenue. Par ailleurs, les moyens de transmission doivent être fiables. Remarquons enfin que certains exploitants apportent une correction à la loi Niveau-Débit de la station de jaugeage en fonction de la raideur du front d'onde (voir paragraphe 5.1.3.4 ci-après).

d. Stations de jaugeage amont plus éloignées : Pour déduire le débit entrant des informations données par ces stations, la principale difficulté, outre l'estimation des apports du bassin versant intermédiaire, est la prise en compte des temps de transit de la crue entre les stations de mesures et la retenue. A l'expérience, la meilleure solution consiste à établir une corrélation (statistique le plus souvent), s'assurer de la valeur de cette corrélation et résoudre les problèmes de transmission de l'information. On obtient des résultats valables si le système est bien étudié; le gros avantage est l'anticipation des prévisions du débit entrant.

e. Données météorologiques : La précision des prévisions de "débits entrants" à partir de mesures météorologiques est évidemment modeste, mais dans bien des cas suffisants pour contribuer efficacement à la décision de mise en état de veille. Certains exploitants font même appel aux prévisions météorologiques pour prendre cette décision. A tout le moins, de telles précisions sont utiles pour la préparer.

Un cas d'utilisation de données météorologiques est constitué par les modèles pluviométriques qui sont parfois utilisés et qui font appel à des stations pluviographiques. Un tel dispositif est bien adapté à un bassin versant important équipé d'un grand nombre de barrages, qui justifie la mise sur pied de l'infrastructure correspondante. Nous illustrerons ce cas par deux exemples tirés des réponses reçues.

Le premier exemple est le Barrage du Vaal, (en RSA) dont La retenue a une capacité de 2 331 hm^3 drainant un bassin versant de 38 500 km^2. Les précipitations (740 mm par an) sont dues pour la plus grande part à des orages d'été.

Un modèle hydrométéorologique statistique a été élaboré donnant le débit de pointe, et ceci journellement (et même éventuellement toutes les heures) à partir d'informations sur les pluies sur le bassin versant et le degré de sécheresse de la région (coefficient d'infiltration). Le modèle a été étalonné sur 62 crues passées et le calculateur peut ainsi fournir les prévisions et déterminer en conséquence les manœuvres à effectuer. De très nombreux paramètres sont pris en compte. Toutefois, les lois statistiques utilisées reposent sur deux ou trois paramètres, les autres étant pris en compte seulement pour corriger les résultats.

Il serait trop long d'exposer le détail de la méthode employée, mais on peut toutefois donner quelques indications sur les éléments utilisés. La notion "d'orage" est définie par un niveau donné de pluies. Cette période d'orage définit en quelque sorte un état de veille. On mesure les pluies tombées à 12 stations, le débit entrant au début de l'orage, la durée, la position et le déplacement de l'orage, ... On tient compte également de la saison (importance de la végétation qui freine le ruissellement) et du degré de sécheresse de la région (pluies passées). Ce dernier élément qui prend en compte l'infiltration est certainement très important pour la qualité du résultat final mais est très difficile à déterminer. Les utilisateurs semblent satisfaits de ce modèle qui améliore leurs informations et leur permet de "gérer" la crue en diminuant notablement l'intensité de la pointe. Toutefois, une telle étude n'est valable que dans ce cas précis. Les intéressés estiment que le coût d'élaboration et d'exploitation (par calculateur) d'un tel modèle est relativement élevé mais qu'il est facilement rentabilisé par la réduction des inondations en aval. Un important complexe urbain et industriel existe en effet à l'aval du barrage et les dommages résultant des inondations étaient très importants avant la mise en œuvre du modèle.

b. Outflow from dams upstream is a precise factor if they are not too distant (so that there is not too much intermediate runoff). On the other hand, there will not be so much warning for gate operation.

c. Stream gauging stations upstream should preferably be close to the reservoir tail. At this point, the relationship (N↔Q) and the stream flow data so derived are precise, even more so than the estimates of flow through a spillway. Difficulties arise if there are many tributaries flowing into the reservoir. In addition, the data transmission links must be reliable. Certain operators apply a corrector factor to the gauging station rating curve based on the steepness of the wave front (see 5.1.3.4 below).

d. With more remote upstream gauging stations, the main difficulty besides estimating runoff from the intermediate catchment area, is allowing for the time it takes the flood to reach the reservoir after it has been detected. Experience shows the best strategy to be a (usually statistical) correlation. The correlation must be reliable, and questions of data transmission must be overcome. Results are valid if the system is properly designed and the major advantage is that inflow can be predicted well in advance.

e. Meteorological data can obviously yield only an imprecise estimate of inflow, although often accurate enough to decide to put the dam on standby. Some operators base this decision on weather forecasts; such information is in any event significant enough to prepare for standby.

One case of this system is the rainfall model in which rainfall stations are substituted for stream gauging stations, suitable for large catchments controlled by enough dams to warrant the cost of setting up the system. This can be illustrated with two examples drawn from the replies received:

The first example (Vaal dam, RSA) is a reservoir with a capacity of 2,331 hm³ for a catchment of 38,500 km², with precipitation (740mm per year) occurring mostly in summer storms.

A hydro meteorological statistical model has been built giving daily values (and even hourly values) of the flood peak, flood volume and time to flood peak from input data on rainfall over the catchment and the antecedent dryness of the region (infiltration coefficient). The model was calibrated against 62 past floods and enables the computer to predict the gate operations required. A very large number of parameters are used, but the statistical relationships are based on two or three only, the others only being included for corrections.

It would take too long to describe the method, but a few of the basic features can be briefly mentioned. A storm is defined by a given amount of rain. This storm is more or less equivalent to the standby period described above. Rainfall is measured at twelve stations, while other measurements include inflow into the reservoir at the start of the storm, storm duration, position and direction, etc. The season is also included (as determining the amount of vegetation retarding overland runoff) together with the dryness of the region (which depends on antecedent rainfall). This last factor, which concerns the infiltration of the rain into the ground, is undoubtedly highly important for the accuracy of the final results but extremely difficult to determine. Nevertheless, the operators seem satisfied with this model which, by improving their information, enables them to control the floods by considerably reducing the peak. However, such a comprehensive model is only considered valid for this specific case. According to the engineers involved, it is expensive to develop and run (computer) but is a viable proposition for the particular dam in question because there is a large urban and industrial complex below the dam, where flood damage used to be very serious before the system was introduced.

The second exemple est le barrage de Takase (Japon), construit dans une zone très montagneuse.

Le bassin versant a une superficie de 150 km², les précipitations moyennes sont de 2 500 mm par an, et la retenue a une capacité de 110 hm³.

Les débits de crues sont estimés à l'avance par une méthode dans laquelle les pluies sont prévues en utilisant des données météorologiques, et les précipitations réelles mesurées à des stations pluviométriques disposées dans le bassin versant.

Les données météorologiques de l'"Agence Météorologique du Japon" sont transmises par ligne téléphonique (réseau national). Ces données proviennent de 4 points d'observations distants de 500 km environ les uns des autres, et couvrant la partie centrale du Japon. Les paramètres sont la pression atmosphérique, la température, l'humidité atmosphérique, la direction et la vitesse du vent. Sur ces données, on fonde des prévisions de précipitations horaires sur 15 heures. Le modèle de prévision a été étalonné sur l'expérience de 7 années, par corrélation multiple.

Sur le bassin versant sont installées 5 stations pluviométriques, dont les mesures sont transmises par radio. Par comparaison à 250 exemples d'averses mesurées dans le passé, la pluie en cours est classée parmi 3 types en fonction de ses caractéristiques, et on en déduit une deuxième prévision. En utilisant à la fois la connaissance des précipitations des dernières 48 heures et les prévisions des prochaines 15 heures, on prévoit à l'aide d'un modèle de calcul le débit de la crue et son évolution.

L'exploitation de ce modèle sur 7 années a donné lieu à une erreur moyenne de 7 % environ dans les prévisions.

Signalons deux autres paramètres, également utilisés pour déclencher l'alerte :

- Le niveau de la retenue qui traduit évidemment la plus ou moins grande capacité du réservoir à stocker la crue.

- Le niveau aval, utilisé dans certains cas particuliers, notamment lorsqu'il y a danger d'inondations en aval et qu'il existe une consigne de niveau.

Ajoutons enfin que la loi définissant la mise en état de veille (par exemple en fonction de N et de dN/dt) peut sous certains climats varier en fonction de la saison.

5.1.3. Manœuvres

Il s'agit des actions d'exploitation sur le matériel qui interviennent en application des consignes de crue.

5.1.3.1. Objectifs des manœuvres (ou des consignes de crue)

La question à discuter maintenant concerne les objectifs que les règles de fonctionnement des vannes en période de crue visent à atteindre.

Le premier objectif de l'exploitant est la sécurité des ouvrages. Pour cela, il suffit la plupart du temps de ne pas dépasser une certaine cote à l'amont du barrage. Le déversement serait, en effet, mortel pour les barrages en remblai et pour beaucoup de barrage-poids. La prise en compte de cette sécurité commence évidemment par un bon dimensionnement des évacuateurs. Ce n'est pas précisément le sujet du présent rapport.

The second example, Takase dam, (Japan), is in a steep mountainous area.

The capacity of the reservoir is 110 hm³, the catchment area is 150 km² and the average annual precipitation is 2,500 mm.

Flood inflows are estimated with a prediction method, in which the rainfalls are forecast using upper-meteorological data, and the actual rainfalls are measured in rainfall gauging stations set up in the catchment area.

The upper-meteorological data from the Japan Meteorological Agency are transmitted by an N.T.T. (Nippon Telephone & Telegram) line. The data are those from four observational points which are about 500km apart from each other, covering the central part of Japan. The parameters are the atmospheric pressure, atmospheric temperature and humidity, the wind direction and the wind scale. Basing on these data, hourly precipitation for 15 hours is estimated, the forecast model has been calibrated on a 7-year experimental period by multiple correlation.

In the catchment area, there are five rain gauges and their data are transmitted through microwave line. Examining 250 past rainfall examples, characteristics of rainfalls were divided into three patterns. Comparing the actual rainfall with these patterns, rainfall is forecast. Combining the actual rainfall of the past 48 hours and the rainfall estimation of the coming 15 hours, the flood inflows from the initial stage are computed and forecast.

In operating of this system for seven years, the average deviation of the estimation to the actual value is about 7%.

Having reviewed the factors used in determining inflow into the reservoir, two other parameters in flood warning systems must be mentioned

- Reservoir level, which of course is a measure of how much flood storage capacity is available.

- Tailwater level, used in certain special cases where there is a danger of flooding downstream or where set levels are required.

In some climates, it is often pertinent for the relationship defining the start of the standby period (eg, N and dN/dt) to be amended to suit the season of the year.

5.1.3. Gate operation

Gate operation takes place within the framework of flood rules.

5.1.3.1. Objectives

The issue to be discussed now concerns the objectives that the rules for gate operation during floods seek to attain.

The first objective for dam operators is the safety of the dam. Most of the time this usually means not allowing the headwater level to rise above a certain point, as overtopping would completely destroy fill dams and many gravity dams. The first step in ensuring safety against overtopping is of course to provide adequate spillways which are not really the subject here.

Outre ce premier objectif, qui est primordial, l'exploitant est très souvent soumis à d'autres contraintes, notamment :

- Assurer le stockage maximal : on essaie d'obtenir un niveau amont le plus haut possible et d'atteindre le niveau maximal en fin ce crue. Pour les aménagements hydro-électriques, cet objectif correspond à la recherche de la productibilité maximale.

- Amortir les crues : cet objectif existe dans la plupart des cas, bien que les contraintes puissent se présenter sous des formes différentes. Certains barrages sont d'ailleurs construits uniquement dans ce but.

Les contraintes concernent alors le plus souvent le débit lâché, par exemple :

- Ne pas augmenter le débit maximal de la crue,

- Obtenir un débit lâché inférieur ou égal au débit entrant,

- Ne pas augmenter la vitesse de formation de la crue (dQ)/(dt)

Cette contrainte revient à ne pas accroître la pente de l'hydrogramme naturel. À tout moment, la pente de la courbe du débit lâché en fonction du temps doit être inférieure à la pente de la courbe du débit entrant en fonction du temps (Figure. 1)

a. Soient t_1 et t_2 les instants pour lesquels respectivement le débit entrant et le débit lâché sont égaux à Qo. La contrainte précédente exprime que, quel que soit Qo, l'instant t_2 doit être postérieur à l'instant t_1 (Figure. 2).

b. Évacuer la totalité du débit entrant quand la cote de la retenue atteint sa valeur maximale,

c. Limiter les inondations à l'aval.

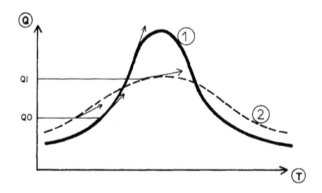

Figure. 1

T	Temps	T	Time
Q	Débit	Q	Flow
1.	Débit entrant	1.	Inflow
2.	Débit lâché	2.	Outflow

In addition to this first and primordial objective, the dam operator is very often subject to other constraints, including:

- maximum storage: the operator may wish to have the reservoir as full as possible, and reach the maximum operating level at the end of the flood. For hydro-electric schemes, the object is to maximize generation.

- flood routing: flood control is a factor in most dams, even though it may affect them in different ways. Some dams are of course built solely for this purpose.

Outflow is the controlling factor, e.g.:

- the maximum flood discharge must not be increased

- outflow must not be more than inflow

- the rise in the rate of flow (dQ/dt) must not be increased.

This means not steepening the slope of the natural flood hydrograph. The slope of the outflow time curve must always be less than the slope of the inflow curve (Figure 1)

a. the flood propagation rate must not be increased: if t_1 and t_2 are the times at which inflow and outflow are Qo, regardless of the value of Qo, then time t_2 must be later than time t_1 (Figure 2),

b. the full inflow must be discharged when the reservoir is full,

c. flooding downstream of the dam must be kept to a minimum.

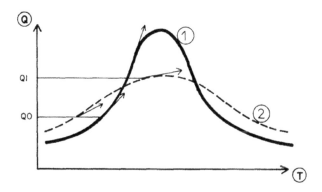

Figure 1

T		Temps	T		Time
Q		Débit	Q		Flow
1.		Débit entrant	1.		Inflow
2.		Débit lâché	2.		Outflow

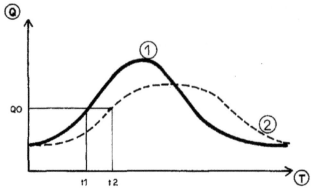

Figure 2

T	Temps	T	Time
Q	Débit	Q	Flow
1.	Débit entrant	1.	Inflow
2.	Débit lâché	2.	Outflow

Signalons également les objectifs suivants :

- Eviter le déversement.

- Réduire le plus possible la vitesse du courant en certains points pour les besoins de la navigation.

- Consigne de niveau en queue de retenue ; une telle consigne (en général destinée à protéger des habitations contre la surélévation de niveau due au remous) suppose le plus souvent qu'on abaisse le niveau au droit du barrage, manœuvre qui peut nécessiter un déstockage, donc une augmentation du débit en aval en début de crue. La régulation du débit sortant est alors délicate et nécessite une étude très élaborée. Ce cas se rencontre souvent pour des barrages de basse chute.

- Creux préventif pour la fonte des neiges.

- Stabilité des berges, ce qui nécessite la réduction de la vitesse de descente du plan d'eau.

- Assurer le dégravement.

- Ne pas dépasser la capacité du chenal de la rivière en aval.

- Eviter ou limiter la dégradation de la qualité de l'eau à l'aval.

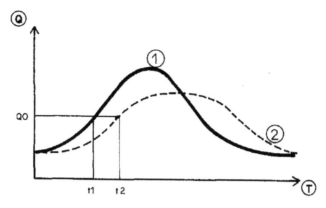

Figure 2

T	Temps	T	Time
Q	Débit	Q	Flow
1.	Débit entrant	1.	Inflow
2.	Débit lâché	2.	Outflow

There may also be various other objectives in view:

- Avoid spilling.

- Control currents at certain places for navigation.

- Control water level at the top end of the reservoir, this generally aims at protecting homes against flooding from the backwater curve, and usually implies lowering the water level at the dam, and sometimes releasing water and so increasing outflow at the start of the flood. Such circumstances make controlling outflow a complex problem and a thorough study is needed. They are often found at low-head dam schemes,

- Provide capacity in expectation of snowmelt,

- Bank stability, which requires a slow rate of drawdown.

- Flushing for sedimentation control.

- Keep flow within capacity of downstream river channel.

- Prevent any deterioration of water quality downstream of the dam.

Remarques

- Les objectifs dont il est fait état ci-dessus sont généralement cités à propos d'un aménagement isolé. Mais pour certaines rivières comportant des aménagements en chaîne, on vise à gérer l'ensemble des aménagements d'une manière optimale. Cette approche globale pour un groupe d'aménagements semble de plus en plus employée.

- Les contraintes ci-dessus sont plus ou moins contradictoires et ne peuvent être satisfaites simultanément à n'importe quel degré.

- La variété des situations est infinie. On trouvera dans les exemples annexés les dispositions détaillées prises dans quelques cas particuliers typiques.

5.1.3.2. Définition des manœuvres

(a) Généralités

Ce paragraphe traite des consignes de crue proprement dites (c'est-à-dire la manière d'atteindre les objectifs) et de la méthode de détermination des manœuvres. Ces deux aspects sont difficilement dissociables et sont d'ailleurs liés la plupart du temps dans la pratique. On examinera également les éléments utilisés pour la détermination des manœuvres.

Remarquons, en premier lieu, que toute manœuvre est effectuée sur la base d'informations traitées. Quels que soient les moyens employés pour obtenir ces informations, il existe un certain retard entre le fait réel et l'arrivée de l'information au responsable. De plus, le traitement de cette information en vue de la détermination des manœuvres n'est pas non plus immédiat. Il en résulte que l'exécution des manœuvres suit la réalité hydraulique avec un retard plus ou moins important. Ce retard doit être évalué en fonction des moyens et méthodes employés dans chaque cas et la consigne de crue doit en tenir compte. Si par exemple, on ne doit pas dépasser un certain niveau de la retenue, il suffit de déclencher l'alarme pour un niveau inférieur de quelques centimètres au niveau maximal.

(b) Différents types de consignes

On peut pratiquement classer les types de consigne suivant les méthodes d'exécution des manœuvres. Il faut, bien entendu, avoir présent à l'esprit que certains cas se recoupent et que le plan suivant ne doit pas être considéré comme un cadre rigide.

A - Méthodes manuelles

Consignes portant sur le débit lâché

La méthode la plus classique consiste à remplir au maximum la retenue puis à déverser ce qui arrive en trop.

Le remplissage de la retenue peut être effectué de différentes manières :

i. On augmente le débit lâché par paliers successifs ; par exemple, le personnel utilise des courbes donnant toutes les 30 minutes l'augmentation du débit évacué en fonction de N et dN/dt pendant les 30 minutes précédentes.

   Certains exploitants utilisent des lois différentes selon les saisons.

ii. On déverse le moins possible .

iii. Le débit lâché ne doit pas dépasser une certaine valeur (contraintes d'inondations à l'aval).

Commentary

- The listed objectives are generally mentioned in connection with a single dam, but where rivers are developed as a string of dams in cascade, they must all be run together for optimum efficiency. A comprehensive approach for a whole group of schemes seems to be gaining widespread favor.

- The above requirements may be mutually contradictory to some degree so that they can only be partially satisfied.

- The variety of situations is infinite, but as a general guide, the examples given in the appendix describe the arrangements in some specific but typical cases.

5.1.3.2. Operating rules

(a) General

This section deals with the flood rules themselves (i.e., how the set objectives are attained) and the way of determining how the gates must be operated. These two factors cannot be easily separated, and in practice are often interdependent. We shall also see the information used in determining what gate operations are required.

In the first place, it must be remarked that gate operation is always based on processed data. The data must first be collected, and however this is done, there is always some lag between the time the event occurs and receipt of notification thereof. Furthermore, the processing of the data necessary for determining the consequent gate operations also takes time. This means that gate operation always lags behind actual events to some degree. This time lag must be evaluated with reference to the means and methods employed in each case, and the flood rules must take account of it. One simple example is where the reservoir level must not be allowed to rise above a certain elevation, and the alarm is given when it actually reaches a level a few centimeters lower.

(b) Types of flood rule

A practical way of classifying the types of flood rules reported is according to the operating methods of the gates. It must however not be forgotten that some dams fall into several categories and the following breakdown must not be considered as being rigid.

A - Manual methods

Rules based on outflow

The most conventional method consists in filling the reservoir to the top and then releasing all the surplus inflow.

There are various ways of filling the reservoir:

i. Outflow can be increased in steps. For example, the staff uses curves showing, in 30-minute intervals, the increase in outflow as a function of N and dN/dt in the previous 30 minutes.

    Some operators use different charts for different seasons.

ii. Spillage may be kept to a minimum.

iii. Outflow may not be allowed to exceed a certain maximum discharge rate (to control flooding downstream).

La détermination des manœuvres est effectuée par le personnel à l'aide d'abaques ou de tableaux. Les possibilités pratiques d'application de consignes de ce genre sont évidemment limitées.

Consignes de niveau

Les consignes de ce type sont souvent très simples. On peut, par exemple, déverser à partir d'un certain niveau ou suivre une loi de niveau en fonction de l'époque de l'année.

Consignes de bassin

La consigne peut être globale sur tout un bassin.

B - Méthodes utilisant un calculateur d'aide à la conduite

La prise en compte d'informations nombreuses (par exemple si on utilise un modèle hydrométéorologique) peut nécessiter l'emploi d'un calculateur pour déterminer les manœuvres à effectuer à partir des informations reçues. Par exemple, on peut entrer les informations (débit entrant, niveau, informations météorologiques) dans un calculateur qui, en fonction d'un diagramme hydraulique de stockage des crues, détermine les manœuvres qui sont ensuite commandées par le personnel. Les informations sont entrées dans le calculateur manuellement ou automatiquement : le calculateur peut, par exemple, interroger lui-même des stations de jaugeage (cf. 5.1.2.1).

C - Solutions intégrées (*)

Le plus simple de ces systèmes est le déversoir à seuil libre. Il présente l'avantage de la simplicité, de la robustesse et de la sécurité. Son emploi est recommandé dans les sites montagneux et difficilement accessibles. Il constitue parfois le dernier maillon de sécurité sur des barrages en remblai n'acceptant pas le déversement. C'est toutefois une solution coûteuse par l'étendue de la surface occupée quand les débits sont importants.

(*) Rappelons que nous désignons ainsi les cas où il n'y a pas de limites franches entre "état de routine", "état de veille", et "état de crue". Voir 5.1.1. ci-dessus.

Plus "évoluées" techniquement sont les vannes à commande automatique dont l'ouverture est fonction du niveau et/ou de dN/dt .

Le système mécanique peut être assez simple (flotteur) ou plus compliqué si l'on prend en compte dN/dt. On retrouve aussi ce système comme élément de dernière sécurité sur des ouvrages commandés par calculateurs. Le dernier stade d'automatisation est celui qui prend les informations, les traite, définit les manœuvres et les effectue automatiquement sans intervention humaine. Certains ouvrages sont ainsi commandés totalement par un calculateur. Il s'agit habituellement d'aménagements en chaîne. Deux systèmes sont alors possibles :

    i.   Chaque aménagement possède son calculateur qui conduit l'exploitation de l'aménagement en fonction d'informations provenant d'autres ouvrages. Une telle exploitation "individuelle" présente un avantage sur le plan de la sécurité; si un calculateur tombe en panne, l'aménagement correspondant sera exploité manuellement, mais les autres continueront d'avoir une exploitation normale.

    ii. Un calculateur central commande plusieurs aménagements en recherchant un optimum global tout en suivant des consignes propres à chaque ouvrage. L'avantage de ce système est de permettre une gestion optimale beaucoup plus facile de l'ensemble des aménagements, mais une panne de calculateur oblige à reprendre manuellement l'exploitation de chaque aménagement. Par ailleurs les problèmes de transmission sont d'une importance vitale; or nous savons bien que la fiabilité des moyens actuels n'est pas parfaite.

Gate openings are decided by the staff, using charts or tables. Practical applications of this type of operating procedure are of course limited.

Rules based on water level

Rules based on water level are often very simple. For example, water may be spilled once the reservoir has reached a certain level; the limiting water level may vary with the time of year.

Rules based on whole catchment

The rule may cover the whole catchment.

B - Computer-assisted methods

A large amount of input data (where there is a hydro- meteorological model for example) may require use of a computer to determine how the gates must be operated from the information collected. For example, the data on inflow into the reservoir, water level and weather may be fed into a computer which refers to a hydraulic diagram of flood storage and prints out the gate operations required, which are then performed by the personnel. Data may be fed manually into the computer, or the computer itself may interrogate the gauging stations (of 5.1.2.1).

C - Integrated methods (*)

The simplest system of this type is the ungated overflow spillway. It has the advantage of simplicity, robustness and reliability, and is recommended in mountainous, inaccessible sites. It is sometimes the last line of defense protecting fill dams against overtopping. However, it occupies a large site area when it must control large stream flows.

(*) Where there are no clear boundaries between routine, standby and flood situations (of 5.1.1. above).

A technically more sophisticated solution involves automatically controlled gates operating on the basis of water level and/or dN/dt.

The mechanical system may be very simple if opening is controlled by a float or more complicated when using the dN/dt parameter. This system is also used as the ultimate line of defense in computer-controlled systems. The ultimate in automation is the system which collects and processes the data, determines the gate operations required, and automatically opens the gates without human intervention of any kind. Some dams are entirely controlled by computer, usually where there are dams in cascade. In this situation, two arrangements are possible:

i. Each dam may have its own computer which operates the dam on the basis of data from the other dams. This is the "dedicated" system which has an advantage as regards safety, in that if one of the computers breaks down, the dam can be operated manually while the others continue in the normal way.

ii. Alternatively, a central computer may control several dams for maximum overall efficiency while applying the rules specific to each dam. The advantage here is that it is much easier to arrive at optimum overall operation, but a computer breakdown does mean that all the dams must revert to manual operation. The question of transmission is also vital, and it is a fact that today's communications are not perfect.

Le tableau ci-dessous récapitule les renseignements fournis par l'enquête en indiquant pour chaque type d'information le nombre de fois où elle est utilisée.

Facteurs	Nombre de barrages
- Taux de variation du niveau du réservoir	71
- Niveau du réservoir (1 mesure)	62
- Décharge du déversoir	60
- Précipitation	52
- Afflux	45
- Décharge, autre que par déversoir	43
- Débit mesuré en amont	40
- Niveau d'eau en aval	39
- Taux d'entrée de changement	36
- Niveaux d'eau aux points en amont	33
- Débit aux barrages en amont	29

Rappelons que l'enquête portait sur 120 barrages.

On constate que pour la détermination des manœuvres, on utilise un plus grand nombre d'éléments que pour la mise en "état de veille" (4,3 en moyenne au lieu de 3,7).

On remarquera également que les mesures de niveau sont les paramètres le plus souvent utilisés pour la détermination des manœuvres et que les précipitations sont d'un emploi moins fréquent que pour l'alerte. On notera aussi que le débit entrant est déterminé à partir de dN/dt ou mesuré à des stations de jaugeage amont.

5.1.3.3. Modes d'exécution des manœuvres

Les modes d'exécution des manœuvres peuvent être classées de trois manières :

- Suivant la manœuvre : volontaire ou automatique.

- Suivant le type de commande : locale ou à distance (télécommande).

- Suivant la source d'énergie utilisée : c'est généralement l'électricité mais ce peut être aussi la charge hydraulique, l'énergie musculaire (en secours), l'énergie thermique (moteur diesel en secours).

Les résultats de l'enquête montrent que le mode le plus utilisé est la commande volontaire, locale et motorisée (la plupart du temps électrique). Ce système est de plus en plus souvent assorti d'une télécommande. La manœuvre reste dans ces derniers cas commandés par le personnel, mais celui-ci agit à distance. La charge hydraulique est parfois utilisée comme source d'énergie associée à une commande volontaire. Des manœuvres automatiques (par exemple en fonction du niveau) existent sur de nombreux ouvrages ; la source d'énergie employée pour ces dispositifs automatiques peut être la charge d'eau, ce qui permet une indépendance complète du système. Enfin, il existe quelques exemples de systèmes totalement intégrés avec calculateur, les manœuvres étant effectuées automatiquement et le plus souvent commandées électriquement.

Notes on factors used in determining gate operation

The table that follows is a summary of the answers to the enquiry, the number opposite each item of information indicating the number of times it is used. It is similar to the one in section 5.1.2.2 on standby procedures and provides some interesting comparisons.

Factors	Number of Dams
- Reservoir level rate of change	71
- Reservoir level (1 measurement)	62
- Spillway discharge	60
- Precipitation	52
- Inflow	45
- Discharge, other than through spillway	43
- Measured stream flow upstream	40
- Tailwater level	39
- Inflow rate of change	36
- Water levels at points upstream	33
- Flow at upstream dams	29

These figures refer to the same 120 dams as before.

It is readily apparent that gate operations are based on more parameters than the standby procedure - on average 4.3 variables as against 3.7.

Water level is the most widely used. Precipitation data is used much less than for flood warning purposes. Note also that the inflow is determined by dN/dt or by the upstream gauging stations.

5.1.3.3. Methods for gate operation

Gate operation can be classified according to three criteria:

- Whether the gates are opened automatically or require human control.

- Whether they are operated locally at the dam or from some remote-control point.

- Lastly, according to the energy source: usually electricity but sometimes hydrostatic head, manpower (in emergencies) or internal combustion engines (standby diesel).

In the answers received, the most widespread method was local human control and motorized operation (usually electric). This is frequently found, although increasingly combined with remote control. In this case, a finger presses a button, but the operation takes place elsewhere. Hydrostatic head may provide the motive power but under human control. Automatic gate operation (for example on the basis of water level) is found at many dams. The energy source may be hydrostatic pressure, providing a completely self-contained system. Lastly, there are a few examples of fully integrated computer-based systems in which gate operation is automatic, usually with electricity as the motive power.

La commande locale motorisée occupe donc encore une place très importante dans les modes d'exécution des manœuvres ; toutefois, la commande par automate et la télécommande se développent de plus en plus. Ce dernier cas est lié à l'extension de la pratique de confier à un service de quart ou à une astreinte unique la gestion de plusieurs ouvrages.

Difficultés d'exécution de la consigne

5.1.3.4. Phénomènes parasites

Les phénomènes parasites qui perturbent les mesures de niveau sont généralement les vagues, mais parfois aussi les remous et les seiches.

Diverses méthodes sont mises en œuvre pour les combattre.

Lorsque l'exploitation est assurée par un calculateur, le problème est facilement résolu : le calculateur reçoit une mesure continue ou plusieurs mesures avec une périodicité déterminée et opère le lissage nécessaire. Pour une grande retenue, si l'on estime le débit entrant à partir de la vitesse de variation du niveau, dN/dt sera évalué en effectuant des mesures de niveau rapprochées et la précision doit être grande. La moindre perturbation peut évidemment fausser considérablement les mesures.

En exploitation manuelle, les méthodes les plus employées pour éliminer l'effet des perturbations consistent à placer les capteurs dans un puits de tranquillisation et/ou à effectuer des mesures successives espacées de quelques secondes et en faire la moyenne.

Il existe quelques cas particuliers :

- L'incertitude sur le niveau peut être prise en compte en abaissant de quelques centimètres le niveau limite; dans le même esprit, on peut également apporter des corrections aux mesures de débit.

- Dans d'autres cas, la loi "niveau-débit" des stations de jaugeage est corrigée en fonction de la raideur du front d'onde. En effet, cette loi est différente suivant que l'on est en période de montée ou de descente de la crue. Pour des crues progressives, cette correction peut être négligée et il faut donc étudier la forme des hydrogrammes des crues pour chaque aménagement. Dans la pratique, cette correction en fonction de la raideur du front d'onde est rarement nécessaire.

- Parfois, on tient compte de la pluie qui tombe sur la surface de la retenue pour corriger les valeurs données par les stations de jaugeage.

Tous ces problèmes semblent donc correctement résolus et n'entraînent plus de difficultés particulières dans l'exploitation des ouvrages.

5.1.3.5. Moyens de transmission

Il semble que la plupart du temps au moins deux modes de liaison sont mis en place, sauf cas exceptionnels où les liaisons sont constituées par des lignes souterraines privées. Le coût d'installation de ces dernières est sans doute élevé, mais de telles lignes souterraines sont à l'abri des intempéries et présentent une grande fiabilité, ce qui permet aux exploitants de n'avoir qu'un seul mode de transmission.

En règle générale, les solutions adoptées sont très variées et semblent plus résulter des conditions locales que de règles techniques de portée générale.

We find then that local motorized operation still has a very important place. Nevertheless, automatic and remotely controlled operation are both gaining favour, the latter development being connected with the growth of the policy of having several dams supervised by a single set of operators (on a full or partial shift basis).

Difficulties in following flood rules.

5.1.3.4. Noise

"Noise" in the form of waves, backwater curves or seiches has the effect of concealing actual water levels.

Various methods have been used to combat this problem.

When the dam is run by a computer, it is easily overcome. The computer receives a continuous record or several records at set intervals, and smoothes out the curve. If inflow into a large reservoir is estimated from the rate-of-change in water level, then dN/dt will be evaluated from closely spaced measurements of water level and accuracy should be very good. The least disturbance can obviously affect the measurements considerably.

In manually operated systems, the most common remedies are installing the instruments in wells to damp out disturbances, and/or taking measurements every few seconds, and averaging.

A few special cases merit mention:

- Allowance may be made for uncertainty as to the exact water level by setting the threshold level a few centimeters lower. Corrections may also be made to stream flow measurements.

- In other cases, the gauging station stage/discharge relationship may be corrected to allow for the steepness of the wave front, the argument being that rating curves are different during the flood rise and flood recession periods. For slowly rising floods, the correction can be ignored; in other words, the shape of the flood hydrograph must be investigated at every individual dam. Such correction however is rarely necessary.

- Sometimes, rainfall over the reservoir is used to correct the records from the gauging stations.

All these problems may therefore be overcome satisfactorily and do not cause any particular difficulty in running the dams,

5.1.3.5. Teletransmission channels

It is found that transmission links are usually duplicated except in exceptional circumstances where dedicated buried lines are used. They are doubtlessly more expensive to install but are protected against weather and are extremely reliable, so that only one channel is needed.

As a general rule, a variety of means are used and appear to be determined more by local conditions than by any set technical policy.

On rencontre néanmoins certaines tendances propres à chaque pays. Par exemple, on utilisera des liaisons haute fréquence sur ligne électrique, doublées par une ligne d'abonnement téléphonique automatique ou manuelle en cas de défaillance. Ou bien, on fera habituellement confiance au réseau téléphonique automatique, sauf pour les ouvrages appartenant à un ensemble d'aménagements géré par un calculateur et utilisant des circuits haute fréquence sur ligne électrique (ou des lignes souterraines), le téléphone étant adopté en secours.

Dans d'autres cas, les lignes d'abonnement téléphoniques automatiques seront employées comme liaison principale, le moyen de secours étant constitué par une liaison hertzienne.

Pour prévenir les défaillances des moyens de transmissions, on utilise donc la redondance de ces moyens, mais on effectue souvent aussi des mesures répétées ou des enregistrements. Aucun exploitant n'a signalé l'utilisation d'un contrôle systématique des circuits avec alertes en cas de défaut, ce qui laisse supposer que dans la majorité des cas les mesures effectuées à intervalles réguliers constituent des essais et suffisent à contrôler le bon fonctionnement de la liaison.

5.1.3.6. Mesures prises pour parer aux défaillances

On peut classer les défaillances en trois types :

    a. Défaillance des calculateurs et des dispositifs automatiques

Le remède, simple en théorie, mais parfois difficile à réaliser, consiste à passer en commande manuelle. Pour la conduite d'un ensemble d'ouvrages en chaîne, ceci nécessite une consigne écrite de secours, simple à mettre en application. La défaillance de la télécommande nécessite une commande locale des organes d'évacuation.

Mais en cette matière, la prévention est la meilleure arme contre les défaillances et on devra veiller à une excellente qualité des composants, à une bonne conception et un bon entretien de l'installation.

    b. Défaillance du gros matériel

La meilleure sécurité consiste à assurer un entretien régulier et sérieux et à procéder à des essais périodiques (voir chapitre 4).

    c. Défaillance de l'alimentation en énergie

Lorsque l'énergie électrique est utilisée, on prévoit systématiquement des groupes électrogènes de secours.

Il existe même souvent une triple alimentation : usine hydroélectrique, réseau, groupe électrogène. Dans certains cas, il peut être intéressant de disposer de groupes de secours mobiles. Certains exploitants utilisent, en énergie de secours, la charge hydraulique ou des contrepoids. Mais de tels dispositifs présentent un certain risque de crues artificielles.

Enfin, des manœuvres manuelles (manivelle, pompe à huile manuelle) sont souvent possibles. De telles manœuvres sont toutefois inopérantes dans le cas de gros ouvrages d'évacuation.

5.2. CONCLUSIONS ET RECOMMENDATIONS

L'analyse qui vient d'être faite des différentes pratiques en vigueur permet de tirer certains enseignements applicables à l'exploitation en temps de crue.

One does, however, find national trends. For example, there may be high-frequency links over electricity lines backed up by a public telephone line through an automatic or manual exchange. Alternatively, the automatic telephone system may be used except for dams belonging to a group of schemes run by a computer, when there may be a high-frequency carrier system on electricity lines (or underground lines), with the telephone system as a standby.

Another possibility is automatic exchange public telephone lines being used as the main link, with radio as backup.

To combat faults in the transmission links therefore, use is made of redundancy but repeated measurements or recordings may also be employed. No operators mentioned systematic circuit monitoring with alarms to notify of faults. In most cases, it must be considered that measurements at regular intervals provide an adequate check on the functioning of the link.

5.1.3.6. Means of overcoming faults

Faults can be classified into three types:

a. Faults in computers and automatic systems

The remedy is simple in theory, but sometimes difficult to put into practice. Manual control must take over, meaning, for a cascade of dams, a set of written standby rules that are simple to follow. Breakdown of the remote-control system means local operation of the spillway gates.

But prevention is the best cure, and one must endeavor to have quality components in a well-designed and maintained installation.

b. Fault in plant

The best remedy is regular, conscientious maintenance and testing (see Chapter 4).

c. Power failures

Standby generating sets are always used when the energy source is electricity.

A three-source system is often used: hydro power station, grid, standby generating set. Mobile generators may be useful. Some operators use hydrostatic head or counterweights, etc. as emergency power. But artificial floods must be avoided.

Lastly, the gates can often be operated manually (crank handle, manual oil pump) although this is not possible on very large spillways.

5.2.   CONCLUSIONS AND RECOMMENDATIONS

The facts that have come to light on current practice make it possible to draw certain conclusions applicable to the whole question of operating procedures in times of flood.

5.2.1. Influence du volume de la retenue sur la consigne de crue

L'élaboration des consignes doit être basée sur des études quantitatives prenant en compte de façon réaliste les caractéristiques du site et les possibilités de la technologie. Ces consignes doivent définir de façon précise la hiérarchie dans le respect des objectifs.

C'est ainsi que, par exemple, l'importance du volume de la retenue vis-à-vis de celui des crues possibles est un facteur déterminant dans l'élaboration des consignes. Il est intéressant d'approfondir cette corrélation. On définira la capacité relative d'une retenue par le rapport du volume utile de la retenue au volume de la crue de fréquence annuelle. Elle caractérise donc en quelque sorte la vulnérabilité de la retenue vis-à-vis des crues.

5.2.1.1. Retenue de grande capacité relative

On peut classer dans cette catégorie tous les ouvrages dont la durée de remplissage dépasse l'année. La consigne habituelle (en dehors d'une consigne de stockage) est de viser à réaliser l'égalité entre le débit lâché et le débit entrant. La détermination du débit entrant est difficile (il y a souvent plusieurs affluents débouchant directement dans une grande retenue dont le niveau varie très lentement) et ce débit est connu avec un retard qui peut être important. Ces inconvénients sont compensés par le fait qu'en raison de la surface très importante du plan d'eau, on dispose d'une grande maîtrise du niveau.

On peut donc difficilement utiliser comme information la variation du niveau dN/dt dont la mesure est trop imprécise et dont la connaissance est trop tardive.L'ouverture des vannes est alors réglée essentiellement en fonction du niveau de la retenue.

La régulation du débit sortant se traduit donc par une régulation fort peu performante du niveau, ce qui ne constitue pas un inconvénient très grave. Bien souvent d'ailleurs, la seule influence du fonctionnement de l'usine hydroélectrique suffit à assurer la gestion des crues.

5.2.1.2. Retenue de capacité relative moyenne

Pour donner un ordre de grandeur, on rangera dans cette catégorie les retenues dont la durée de remplissage se compte en mois. La consigne habituelle est alors d'obtenir un débit lâché inférieur au débit entrant. Les règles d'évacuation de ce débit sont variables (voir § 5.1.3.2 "Méthodes manuelles"). Le temps d'obtention de la connaissance du débit entrant est alors plus court. Les paramètres utilisés sont généralement le niveau de la retenue N et sa variation dN/dt.

5.2.1.3. Retenue de faible capacité relative

Le volume de la crue représente ici une proportion notable du volume utile de la retenue, voire plusieurs fois ce volume ; la durée de remplissage est de l'ordre de la journée.

On utilise alors souvent les consignes suivantes:

- Q lâché $\leq$ Q entrant, étant entendu que l'établissement du débit sortant doit être obtenu dans un délai très bref après la mesure du débit entrant, et éventuellement,

- Q lâché > Q entrant en début de crue (basculement du plan d'eau). Dans ce cas, un creux préventif est donc réalisé avant l'arrivée de la crue ou au début de la crue. On doit alors être assuré de l'arrivée de la crue et de son volume, faute de quoi on perdrait de l'eau. De toutes façons, ce système contribue à augmenter la vitesse de propagation de la crue.

5.2.1. Effect of reservoir capacity on flood rule

Quantitative analysis with realistic assessments of the characteristics of the site is necessary in preparing flood rules. The rules must clearly state the order of priority in the objectives to be attained.

For example, the size of the reservoir in respect of possible floods is a determining factor in the design of the rules, and it is interesting to go into this relationship a little more deeply. The "relative reservoir capacity" can be defined as the ratio between the live storage capacity and the flood volume of annual return period. It is, so to speak, a measure of the vulnerability of the reservoir to floods.

5.2.1.1. Large relative capacity

All reservoirs taking more than a year to fill can be classified as having a large relative capacity. The usual rule (leaving aside the process of filling a reservoir) is to try to have outflow equal to inflow. Determining inflow is difficult (there are often several tributaries into a large reservoir and the level rises very slowly) and may involve a considerable lead time. The shortcomings are however offset by the very large surface area of the reservoir providing excellent control over the water level.

It is hardly appropriate to use the rule-of-change in level therefore, as it cannot be precisely monitored, and the information would not be available early enough. Under these circumstances, gate opening is governed chiefly by reservoir level.

In a large reservoir, therefore, controlling the outflow is not accompanied by any high degree of control of reservoir level, although this is not a very serious problem. Often in fact, hydro generation is sufficient for flood routing.

5.2.1.2. Moderate relative capacity

To give an idea of the order of magnitude involved, this category will include dams where the filling time is reckoned in months. The usual rule is to have outflow less than flood inflow. Ways of releasing this flow may vary (see 5.1.3.2 Manual Methods). Less time is needed to obtain the inflow data, and the parameters most often used are reservoir level N and its rate-of-change dN/dt.

5.2.1.3. Small relative capacity

A reservoir has a small relative capacity if the flood volume represents a substantial proportion of, or is several times larger than the live capacity, with filling times in the region of one day.

The following rules are found in this case:

- Q outflow $\leq$ Q inflow with very short time lag between inflow measurement and outflow determination, and/incidentally,

- Q outflow > Q inflow at the start of the flood (reversal of reservoir movement). In other words, the reservoir is partially emptied before the flood arrives. But it must not be forgotten that one must be sure that a flood of known magnitude is going to arrive, otherwise water is wasted. In any event, this approach increases the flood propagation rate.

La régulation des ouvrages classés dans cette catégorie est toujours très difficile. Pour accroître la précocité de l'action, il est nécessaire de prendre en compte de nombreux paramètres (niveaux mesurés en plusieurs points en particulier en queue de retenue, informations pluviométriques, voire même informations météorologiques). La détermination des manœuvres devient alors très compliquée et nécessite assez souvent de faire appel à un calculateur.

Ce calculateur peut, soit définir simplement les manœuvres sans les effectuer, soit conduire lui-même toute l'exploitation sans nécessiter d'intervention humaine.

Voici un exemple de ce dernier cas où la capacité relative de la retenue est égale à 0,35 (Barrage d'Ikehara, Japon). Il s'agit d'un bassin montagneux dont les sites équipables ont des capacités modestes et où les pluies sont courtes, violentes et localisées, donc peu prévisibles. Tous ces éléments nécessitent une prévision précoce (modèle pluviométrique et de ruissellement) et une conduite de l'exploitation centralisée pour plusieurs aménagements qui sont disposés en chaîne et rapprochés. Un calculateur traite les informations en temps réel.

Cinq barrages sont exploités par ce calculateur implanté dans un centre de contrôle. Les contraintes à respecter sont les suivantes :

- Ne pas augmenter le débit maximal, le débit entrant, sa variation dQ/dt et la vitesse de propagation de la crue;

- Maintenir les cotes de retenue dans certaines limites (consigne de niveau).

Le calculateur utilise les informations telles que N, dN, débit entrant Q, débit déversé à l'évacuateur, débit turbiné, dQ/dt, débit aux jaugeages amont,précipitations, niveau aval. Pour chaque barrage, le calculateur suit une consigne de crue qui aboutit, par exemple, à la séquence suivante de manœuvres (Figure 3).

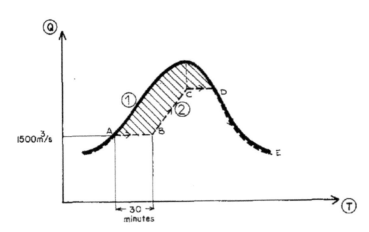

Figure 3

T	Temps	T	Time
Q	Débit	Q	Flow
1.	Débit entrant	1.	Inflow
2.	Débit lâché	2.	Spillage

River regulation of dams in this category is never easy, and more parameters (multiple level gaugings, especially at the top of the reservoir, rainfall data, and even meteorological data) must be considered so that action can be taken earlier. Determination of the necessary flood gate operations becomes very complicated and a computer is often needed.

The computer may determine gate operations but not actually perform them, or it may run the whole system automatically, without human action.

An example is Ikehara dam in Japan, where the live capacity to flood volume ratio is 0.35. It concerns mountain rivers where sites suitable for development offer only moderate storage capacities, and storms are brief, violent and localized, making them difficult to predict. All this creates a need for early warning (rainfall and runoff model) and centralized control for a number of dams in cascade and close to each other. Real-time computer processing of data is used.

Five dams are run by a computer at the control centre. The criteria are:

- Maximum flow, inflow, rate-of-change in flow dQ/dt and flood propagation rate must not be augmented.

- The reservoir water levels must be held between set limits.

Computer input data include reservoir level N, rate-of-change dN/dt, inflow Q, spillage, turbine discharge, dQ/dt, stream flow at upstream gauging stations, rainfall and tail water level. According to a flood rule (one for each dam), the computer decides for example the following sequence of gate opening (Figure 3).

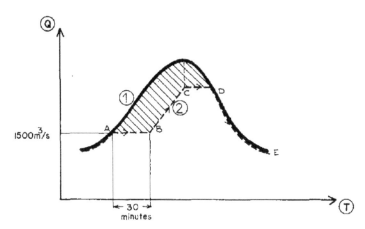

Figure 3

T	Temps	T	Time
Q	Débit	Q	Flow
1.	Débit entrant	1.	Inflow
2.	Débit lâché	2.	Spillage

À l'arrivée de la crue, on commence par déverser 1 500 m³/s pendant 30 minutes (A B) puis l'accroissement du débit lâché suit la montée de la crue (B C). Dès qu'on atteint la pointe de la crue (point C), le débit lâché est stabilisé (C D) jusqu'à ce que Q entrant = Q lâché (point D) et ensuite Q entrant = Q lâché jusqu'à la fin de la crue (DE). Cette méthode suppose que le creux de la retenue en début de crue est suffisant pour stocker le volume correspondant au volume hachuré de la figure.

5.2.2. Avantages et contraintes de l'automatisation

Les paragraphes précédents ont montré tout l'intérêt de l'automatisation qui constitue un progrès notable dans l'exploitation, notamment pour les retenues de faible capacité relative, car elle permet une conduite en temps réel avec une prévision plus précoce et un temps de réaction très réduit. L'introduction d'automates implique toutefois certaines contraintes, tant dans la conception du matériel que dans la pratique de l'exploitation. On examinera successivement ces deux aspects, après quelques remarques relatives à l'état de veille.

5.2.2.1. Remarques sur la mise en état de veille

Les progrès réalisés pour la mise au point de mécanismes simples et fiables devraient pouvoir généraliser l'habitude d'employer des dispositifs automatiques pour déclencher "l'état de veille" ; de tels automates sont déjà utilisés sur de nombreuses installations. La tendance est d'installer des appareils à traitement numérique de préférence à des automatismes analogiques.

La solution la plus élaborée est évidemment le système intégré constitué par un calculateur qui reçoit toutes les informations y compris le débit et, suivant les consignes, donne les ordres de manœuvres sans que les états de veille ou de crue soient pour lui très différents de l'état de routine.

On notera que les détecteurs de crues basés sur la mesure du niveau N et de sa vitesse de variation dN/dt n'ont pas une précision très grande, même si des techniques performantes comme le traitement numérique des informations sont utilisées ; ils sont néanmoins très appréciés des exploitants qui les utilisent.

Il semble que le facteur le plus important à prendre en compte pour déclencher l'alerte soit le débit entrant. Pour l'obtenir avec la plus grande précision et dans les délais les plus brefs, une des meilleures méthodes consiste à utiliser les informations des stations de jaugeage amont, en portant un soin particulier à la fiabilité des transmissions. Les informations de ces stations peuvent être également utilisées pour la détermination des manœuvres à effectuer. En effet, à condition que la station soit convenablement aménagée, les mesures ainsi effectuées donnent immédiatement et directement les valeurs des débits recherchées. C'est un important avantage par rapport à des estimations réalisées d'après les mesures d'ouverture des évacuateurs et de variations du plan d'eau. Ces estimations ne peuvent intervenir qu'avec un certain retard et cumulent deux imprécisions. Par ailleurs, la proximité de la station est un facteur favorable pour la précision de l'information.

5.2.2.2. Contraintes et remarques concernant la conception du matériel

On a déjà souligné la nécessité d'une grande sécurité de fonctionnement des évacuateurs de crues et les problèmes spécifiques qu'ils posent.

- En matière de fonctionnement automatique, l'importance des risques encourus impose une conception du matériel qui se distingue des pratiques habituellement utilisées pour les automates courants. En particulier, on s'attachera s'assurer l'existence de redondances de nature à réduire très sensiblement les risques de défaillance. En cas de mise en œuvre de procédures alternatives (de secours), on devra veiller à assurer leur indépendance effective. L'alimentation en énergie, notamment, devra comporter une ou plusieurs dispositifs de secours susceptibles d'assurer une sécurité quasi absolue. Quant aux cas d'utilisation de calculateurs, un doublement de l'ordinateur et un logiciel approprié permettent un contrôle croisé permanent qui donne une bonne garantie de fonctionnement du système.

Flood operation starts by spilling 1,500 m³/s for 30 minutes (AB), and then outflow is kept parallel with the rising flood (BC). Once the peak is reached (C), outflow is kept steady (CD) until Q inflow -equals Q outflow·(D), this situation being maintained (DE) until the flood has passed. This assumes that available capacity in the reservoir at the start of the flood will be enough to contain the volume shown hatched in the figure.

5.2.2. Advantages and shortcomings of automation

The foregoing description clearly illustrates the advantages of automation. It is a distinct improvement in the running of reservoirs with small relative capacities because it offers real-time control with earlier warning and a very short reaction time. But the introduction of automatic systems implies certain constraints in the design of the equipment as well as in operating practice. These two aspects are examined below, after the notes on standby.

5.2.2.1. Notes on standby

Starting with the question of standby procedure, progress in the development of simple, reliable systems should promote the more widespread acceptance of automatic devices to set the system on standby. Automation is used at many installations. The current trend is to make use of digital equipment rather than analogs.

The most elaborate solution is obviously the comprehensive computer controlled system in which the computer is fed data on stream flow and all other parameters and refers to the operating rules to open the gates, so that there is no very great difference between routine, standby and flood operation.

Flood detection systems based on the measurement of water level and its rate-of-change (N and dN/dt) are not very accurate even if sophisticated techniques like data processing are used. They are nevertheless highly valued by the dam operators that have them.

The most important factor to be considered in the standby procedure is inflow into the reservoir. One of the quickest and most accurate methods of obtaining this information is to use records from gauging stations upstream of the reservoir (with attention paid to data transmission reliability). Properly engineered stream gauging stations can be used to determine gate opening patterns because they measure flow immediately and directly, an important advantage overestimates of discharge through dam spillways or rise in water level, which cumulate two factors of error, as well as requiring time for the calculations. A station close to the reservoir will tend to produce more accurate data.

5.2.2.2. Design implications

The need for a very high degree of reliability of spillway operation and the specific problems arising in this respect has already been emphasized.

- The importance of the risks involved means that the design of an automatic spillway system is quite different from what is usually encountered in the normal run of automation. One of the most important points is the need for redundancy, which greatly reduces the probability of failure. Alternative backup procedures must be made effectively independent. The power supply for example must make use of one or more standby sources giving an almost infinite assurance of reliability. Where computers are used, redundancy (two computers) and appropriate subroutines provide the facility for a constant cross-check that ensures the system is functioning correctly at all time.

On notera à ce sujet que les risques principaux de défaillance portent plus sur le logiciel que sur le matériel lui-même, du moins pour les exploitations un peu compliquées. Un doublement du calculateur n'apporte aucune garantie, bien entendu, contre les erreurs de logiciel. Le plus grand soin doit donc être apporté à l'établissement de ce dernier. Certains exploitants ont établi des recommandations particulières pour ce type d'automatisation.

- De manière analogue, il est généralement contre-indiqué d'automatiser des organes vétustes, l'expérience montrant que de tels organes sont bien souvent incompatibles avec un fonctionnement automatique, en raison de leur conception, de leur technologie et/ou de leur état d'entretien.

- Il est bien évident par ailleurs qu'une automatisation n'a de sens et d'intérêt que si elle se traduit par un bilan financier favorable, étant entendu qu'elle ne doit pas réduire la sécurité d'exploitation.

Remarques :

1. On a exposé précédemment (§ 4.1.3.2.b.) les deux conceptions sur lesquelles pouvait être fondée l'exploitation hydraulique d'un complexe de barrages à l'aide de calculateurs. La première met en œuvre un calculateur sur chaque aménagement, la deuxième un calculateur centralisé couplé à des télécommandes. Dans le cas d'une chaîne linéaire d'aménagements, l'expérience semble démontrer que la première de ces conceptions est préférable.

2. Les automates utilisant la charge hydraulique sont très séduisants dans leur principe, mais dans certains cas, ils ont pu donner lieu à des défauts de fonctionnement extrêmement gênants. Il s'agissait la plupart du temps de coincement ou d'instabilités du degré d'ouverture des vannes ou d'obstructions diverses. La théorie du comportement de tels automates doit être préalablement étudiée de façon rigoureuse mais les dispositions technologiques ont une très grosse importance pour ce genre d'organe. On recherchera la simplicité de la conception et on veillera à employer des systèmes évitant le coincement des vannes. Pour parer à l'obstruction de l'alimentation, on n'hésitera pas à installer des grilles d'entrée très largement dimensionnées et autonettoyantes. L'envasement des puits des flotteurs sera combattu en adoptant des formes auto-cureuses.

3. Il convient de souligner les avantages du déversoir à seuil libre qui ne nécessite que très peu de contrôle et d'entretien et semble constituer la solution la plus fiable et la plus simple dans beaucoup de cas. Son usage, très ancien, reste toujours fréquent. Lorsque son adoption est raisonnablement et économiquement possible, il doit être préféré à une solution plus sophistiquée mais dont l'entretien et le dépannage sont plus difficiles.

4. Il faut toutefois rappeler que le déversoir à seuil libre entraîne une perte de capacité (correspondant à la hauteur de la lame déversante), par rapport à un évacuateur vanné ; cette perte de capacité peut être prohibitive dans certains cas.

5.2.2.3. Contraintes et remarques concernant l'exploitation

L'automatisation d'une installation, si elle apporte des avantages certains, ne doit pas faire oublier la nécessité impérative :

- D'un entretien parfait,

- De la possibilité d'un dépannage efficace et rapide,

- D'une méthode d'exploitation "de rechange", explicitement décrite de façon détaillée dans les consignes, pour le cas où l'automate, quel qu'il soit, viendrait à défaillir.

One of the main risks of malfunction in fact resides more in the software than the hardware, at least once the system is to any degree complex. Having two computers, then, is no safeguard, one must write the programs with the greatest care. Special guidelines have been issued for this type of automation by some operators.

- It is generally considered that automatic control should not be built onto old installations, experience showing that they are often incompatible because of their condition, original design or technology.

- Automation is only a meaningful advantage if it is cost-effective without affecting safety.

Notes

1. The section above concerning the types of flood rule describes two approaches to water management at a group of dams based on the computer. The first uses a computer at each dam, the second having one computer with remote control facilities, Experience would indicate that the first approach is preferable where the dams are in a linear cascade.

2. Automatic systems making use of hydrostatic head are very attractive in theory, but in some cases, they may give rise to extremely awkward breakdowns, usually jamming, gate hunting, or obstructions of various sorts. The theory of their response must first be investigated very thoroughly, and the actual constructional arrangements given careful attention. The design should be simple and use systems preventing the gates from jamming. There should .be no hesitation about installing screens of very ample size to prevent obstructions, complete with automatic cleaning systems. Sedimentation in float chambers can be overcome by giving them self-cleaning shapes.

3. It is important to stress the advantages of the ungated overflow spillway which needs very little inspection and maintenance and would appear to be the most reliable and simplest solution in very many cases. Although old in concept, it is still very widely used and should be adopted whenever reasonably and economically possible, in preference to more sophisticated arrangements involving more difficult maintenance and repair.

4. It must not however be forgotten that the overspill weir involves a loss of capacity (corresponding to the head on the crest), as compared to a gated spillway; the loss may be the determining factor against it.

5.2.2.3. Operational implications

Although offering undisputed advantages, spillway automation must not blind the operator to the absolute need for:

- first-class maintenance,

- arrangements for quick, efficient repairs,

- an alternative operating method explicitly setting out in detail in the dam operating rules the procedures to be followed in the event of a breakdown. This applies to all types of automatic system.

Dans tous les cas, il faut prévoir la possibilité de reprendre en commande manuelle l'exploitation de l'ouvrage. Ainsi, dans certains aménagements conduits totalement par calculateur, même si le fonctionnement du calculateur est satisfaisant, l'exploitant reprend systématiquement et à intervalles réguliers l'exploitation de l'ouvrage en conduite manuelle. Ceci permet à l'exploitant de conserver un certain "savoir-faire" pour le cas où, le calculateur venant à défaillir, il importerait de reprendre manuellement les commandes et ceci très rapidement eu égard aux conditions locales, en particulier dans le cas fréquent d'une très faible capacité relative de la retenue.

Cet apprentissage et savoir-faire" peuvent être facilités par la mise en place de simulateurs de conduite qui permettent aux agents d'apprendre tous les types d'exploitation (conduite par calculateur, reprise en manuel, etc..) et d'être confrontés à divers types d'évènements (arrivées de crues) qui ne se rencontrent que rarement dans la réalité et pour lesquels l'exploitant est donc mal préparé car peu habitué. Les conséquences d'une crue importante pouvant être très graves, il est conseillé de faire en sorte que le personnel de conduite ne soit pas pris au dépourvu lorsqu'une telle situation se présente. La formation par simulateurs de conduite est donc très profitable.

Enfin, le développement de l'automatisation nécessite le contrôle et un entretien spécifique des automates et des télécommandes, même si l'usage des calculateurs permet un autocontrôle de certains composants. Par ailleurs, une surveillance accrue est nécessaire sur le gros matériel électromécanique. L'automatisation diminue le travail du personnel d'exploitation, mais l'expérience montre qu'une partie de ces économies de personnel doit être consacrée à assurer la surveillance et le bon fonctionnement du matériel en période de crue (notamment les organes d'évacuation). Pour répondre à ce besoin, le quart temporaire constitue souvent une bonne solution. En dehors des périodes de crues, le système d'astreinte est une solution souple et légère.

5.2.3. Communications pendant les crues

5.2.3.1. Objectifs de la communication

Contrôle des crues – le contrôle des crues est un évènement peut fréquent pour la plupart des barrages et aménagements hydroélectriques. Peu de personnel est alors implique. Une communication efficace entre les membres du personnel est nécessaire pour la mise en œuvre de mesure efficaces et sures. Ceci est très important car les périodes de crues sont des évènements rares lorsque le personnel n'est pas particulièrement conscient et entraîné pour identifier et mettre en œuvre les actions nécessaires.

Evaluation de la sécurité et communication – Communication entre le personnel et les différents systèmes pour évaluer le niveau de sécurité et pour communiquer les résultats pour enclencher l'action du personnel.

Sensibilisation du public – Le public est le plus souvent conscient des conditions de sécurité crées par un barrage soumis à des conditions de crues bien qu'il ne les ait subies que rarement. Il va se forger une opinion qui peut être incorrecte soit optimiste ou bien pessimiste.

5.2.3.2. Méthodes de communication disponibles

Ces dernières années les moyens de communication ont évolué rapidement en raison de l'évolution des technologies désormais disponibles. Ce que l'on appelle la décennie de la technologie a un impact important sur les moyens et méthodes de communication.

This means that provision must be made for reverting to manual operation. At some schemes controlled entirely by computer, operators regularly and systematically switch over to manual operation even though the computer is operating correctly. This enables the operator to keep his hand in for such time as the computer may break down when manual control must be substituted in response to developing conditions (often because of the small relative capacity of the reservoir).

Such experience can be improved by means of simulators to give the staff the necessary skills in all types of operation (computer operation, manual operation, etc.) and familiarize them with various types of event (such as flood arrival) which they will meet with only rarely in the real world, and are not prepared to deal with. The consequences of a large flood can be very serious, and it is therefore advisable to ensure that the operating staff are not caught unawares. Simulator training is extremely useful.

The adoption of automation is accompanied by the need for specific monitoring of the automatic and remote-control equipment, even if computers monitor the performance of the component parts of the control system. Otherwise, the gates and related equipment need more careful monitoring. Although automation reduces the workload on the operating staff, experience shows that some of the staff saving must be ploughed back into keeping watch on how the equipment (especially the outlet works) performs in times of river floods. The temporary shift system is a wise answer to this need in many cases. For the rest of the time, partial attendance is flexible and not cumbersome.

5.2.3. Communications During Flooding

5.2.3.1. Purpose of Communication

Flood operation – Flood operations rarely occur at most dam and hydroelectric projects and typically involve a few to many personnel. Communications amongst these personnel, as well as other personnel, are critical to enable safe, efficient measure implementation. This is especially true since the events are rare, and personnel may not be fully aware or trained of condition identification and required actions.

Safety evaluation and notification – Communication between personnel and systems will be used to assess the level of safety concern and to communicate the assessed results to the appropriate personnel for action.

Public awareness – The public is, in many cases, much more aware of the safety impacts caused by a dam that is undergoing loading conditions, such as flood levels, that are rarely experienced. The public will make their own assessments that maybe incorrect and can cause public concern that is incorrect. These perceptions are both conservative and un-conservative.

5.2.3.2. Methods of Communication Available

The methods of communication available in the recent years have shown great improvement parallel to the improvement in the relevant technological fields. What we now consider to be the decade of technology has a huge impact on the communication methods and technologies available today.

Les moyens de communication ont deux objectifs à savoir la communication interne et la communication externe.

- La communication interne est destinée au site du projet. Différentes solutions sont disponibles pour cette communication. En commençant par la communication directe par ligne téléphonique entre les différents emplacements sur le site. Pour ce faire on se doit d'installer un câblage adéquat. La communication par émetteurs-récepteurs radio est utilisée depuis longtemps offrant une bonne communication entre les utilisateurs à la condition que les équipements soient en bon état et les batteries chargées... Les 2 méthodes précédentes sont aussi utilisables en cas d'urgence. Une télévision en circuit fermé (CCTV pour Closed Circuit television), transmission de données de capteurs (ils peuvent même être intégrés au SCDA) sont maintenant utilisées comme le nouveau moyen de communication soit pour la communication interne ou bien externe entre les surveillants du barrage et le centre de contrôle.

- La communication externe permet aux opérateurs de la centrale d'entrer en contact avec différentes personne et autorités qui ne sont pas présentes dans la centrale. Au-delà de la ligne téléphonique qu'il n'est pas possible d'utiliser dans les endroits reculés, l'utilisation des téléphones mobiles est en constant augmentation bien que la réception dans ces mêmes endroits reculés ne soit pas toujours possible. Lorsque la réception est problématique, l'utilisation de téléphone satellitaires est la meilleure solution quoique couteuse. En raison de leur disponibilité en cas d'urgence les téléphones satellitaires sont le moyen le plus sûr de communication externe.

D'autres moyens de transmission de l'information et de communication peuvent être déployés tels qu'utilisation de la messagerie ou l'envoi de SMS sur les téléphones portables permettant l'envoi d'informations spécifiques selon les endroits concernés. Les applications sur téléphone portable peuvent également être utilisés et offrir une transmission dans les 2 sens entre les autorités et les usagers.

Des moyens de communications spécifiques doivent être utilisés pour communiquer entre le barrage et les communautés en charge.

Les annonces et les instructions doivent être faites par le Centre des mesures d'urgence établies au niveau départemental ou régional en fonction des règlements de gouvernance locale en fonction des informations reçues par ce centre qui est en charge de l'évaluation du risque. La transmission d'une information officielle sur l'imminence d'un désastre par les organes officiels au niveau local doit être appropriées pour éviter tout effet de surprise et permettre la mise en œuvre des mesures de protection civile.

Les moyens suivants pour signifies des instructions ont donné de bons résultats : local network communications (intercoms), system d'information des communautés notification système d'alarme, émissions des radios et télévision locales et nationales, téléphone fixe ou mobile connectes au système de télécommunications, émetteurs récepteurs radio, radios des associations ou des services de secours et des opérateurs économiques.

L'alerte des populations est du ressort des autorités locales par des moyens spéciaux tels que des sirènes acoustiques (électrique, électronique ou tout autre moyen de large diffusion) et d'autres moyens sonores (sirènes manuelles, haut-parleurs, mégaphones, etc.).

La Transmission des informations et des décisions doit être hiérarchisée de la manière suivante:

- Tout d'abord par radio, ou moyen équivalent, du barrage au centre de communication by dispatcher

- Par téléphone, mobile, messagerie applications internet, courriel, et fax du centre de communication aux autres autorités supérieures.

The methods of communication available can be separated in two fields, internal communication and external communication.

- The internal communication refers to the communication within the project site. Various options exist for this need of communication, starting with the basic direct lined communication between the various locations on site. For this to be functional physical hardware, most importantly wires must be installed. Two-way radios are also being used for a long time and provide safe communication between parties. It must be ensured that equipment and batteries are properly maintained. The above stated 2 methods will provide communication under emergency situations as well. Closed Circuit Television (CCTV) sensor remote transmission (can be even part of SCADA) can be considered as the new wave on communications either internal ore even external between dam operator or dispatch.

- The external communication will allow the plant operators to contact various people/ authorities who are located outside the plant. The methods available start with the direct line hardware; however, this method is not often possible in remote areas. In the recent years, the use of mobile phones has also increased, but reception can be a major issue in remote locations. Where reception becomes an issue, satellite phones are a good but costly alternative. Due to the availability during emergency situations, satellite phones are the most reliable and safest way for external communication

Another way of information transmission and communication can be deployed, using the Text Messaging of GSM/mobile phones, as the different messages can be routed to selected areas. As mobile data coverage is extended phone apps can be used to deploy information and even ensure 2-way transmission between parties.

In order to transmit the decisions, appropriate communication means are to be used in relation to the endowment of the dam/reservoir and community.

Notifications and warnings are to be performed by the Emergency Situations structure established at county or regional level, depending on local governance rules, based on information received by the structures that monitors the risk sources. This activity represents the transmitting of authorized information on the imminence or occurrence of disasters by local government authorities, as appropriate, in order to avoid surprise and facilitate the implementation of protective measures.

To achieve external notification the following means have yielded results: local network communications (intercoms), local authorities notification equipment and alarming systems, local or national radio broadcasting and TV stations, telephone fixed and mobile connected to the territorial telecommunications system, paths and fixed circuits and mobile connected telecommunications to the territorial broadcasters system - Reception and radio receivers, radios in the volunteer organization or equipment for the emergency service and risk source of economic operators.

The population alarming is performed by the local government authorities by special means of acoustic (electrical sirens, electronic, moto-sirens or any other large broadcast method) and acoustic regular means (steam whistles, sirens hand, loudspeakers, megaphones…etc.).

Transmission of information and decisions, according to the information flow is as follows:

- In advance by radio means – or equivalent –transmission- reception from the dam to the dispatcher

- By telephone, mobile, mobile messaging, internet platform apps, email and fax from the dispatch to the rest of superior bodies.

Les communications ne sont pas limitées à des environnements spécifiques. Le but est pendant la durée de la crise ou la suite des évènements un flot continue d'information est transmis et reçu.

Système d'alarme

Il est d'usage de définir les niveaux d'alarme pour chaque barrage en fonction de leur importance. Ces niveaux sont extraits des plans d'évacuation et d'alertes basée sur le plan de gestion des risques d'inondation.

- Si le niveau de **vigilance** est activé : L'exploitant du barrage communique avec le centre au centre de communication ou bien l'information est transmise directement par CCTV (ce qui assure qu'une communication dans un seul sens)

- Si le niveau **d'alerte** est activé. Les décisions doivent être transmises aux centres de décisions supérieurs tel que les agences de basin, les centre de gestion des inondations ou el gouvernement. Les communications et les décisions circulent dans les 2 sens entre le centre d'action local et l'autorité centrale

- Si le niveau de **danger** est activé : les Décisions sont mises en œuvre immédiatement et l'alarme est donnée pour la zone aval couverte par les études d'inondations et les informations des autorités supérieures

Les sirènes électriques places à l'aval de la retenue ou dans les villages ou les centres urbains doivent produire un signal sonore spécifique pour annoncer à la population l'évènement pour qu'elle se rendre dans des endroits précisés pour se mettre en sécurité et pour réduire les dommages.

Il est souhaitable d'entrainer la population a des simulations Si le niveau d'alerte est activé ns de programmes d'alarme avec la mise en place de d'affiches informatives sur les alarmes d'urgences y compris les préalarmes, et les fins d'alarmes.

Si l'infrastructure existe il est efficace de s'adresser à la population au moyen de messages préenregistres au moyen de haut-parleurs.

5.2.3.3. Opportunités et dangers des systèmes de communication

Pour les aménagements vannés il est important que les opérateurs puissent accéder physiquement au barrage pendant des évènements extrêmes et être assiste par des opérateurs de relève tant que nécessaire. Il est essentiel que leur encadrement soit disponible pour les assister.

Afin de gérer les crues efficacement les opérateurs de ces réservoirs doivent disposer d'un centre physiquement sûr d'où ils peuvent voir que l'es équipements qu'ils manœuvrent répondent efficacement à leurs commandes. Ils doivent disposer d'information claire et concise sur les niveaux du réservoir ainsi que d'un accès aisé aux informations provenant des points de mesure des débits à l'amont.

Il est impératif que le personnel puisse avoir accès aux prévisions météorologiques, obtenir des avis, et de l'assistance du personnel plus expérimentes sur la manière de contrôler la situation et de communiquer sur la situation et les décisions locales à leur organisation.

Il est à noter en raison de ces évènements extrêmes les accès, l'alimentation en énergie électrique, les transferts de données, les communications même par liaison satellitaire peuvent être affectes laissant de ce fiat l'opérateur gérer une situation plus importante que celle qu'il a déjà pu avoir à gérer sans conseils et assistance.

Transmissions are not limited to the indicated environments and aim that, throughout the crisis or chain of events, the flow of information is transmitted and received.

Alarm systems

The thresholds are usually established for each individual dam according to their importance and extracted from the evacuation and warning plans, based on risk assessments and flood management plans.

- If **Attention** warning level is deployed – only the dam operator communicates with the dispatch or information is collected directly by the dispatch via CCTV (this only ensures one-way transmissions)

- If **Alert** warning level is deployed. Decisions are to be transmitted to the superior bodies of decision like water administration centre or government. Transmissions for information is to be carried out both ways from the local action centre up to central body.

- If **Danger** warning level is deployed. Decisions are initiated immediately, and alarm state is issued for the downstream area, covered by the flood analysis results, and then according to the information flow of the superior bodies.

Electric Sirens of the dam, located in the downstream of the reservoir or in the adjacent village/town/city centres, designed to sound a specific pattern as to announce the population in the area susceptible to get to safety and to take measures to reduce damage

Examples of such used patterns or alarm programs / notification shall include, depending on the requirements of emergencies that may arise, thus communicating different messages like: Air alarm, Alarm Disaster, Pre-Alarm, Termination of the alarm etc. These patterns have to be drilled for the population in the adjacent areas and information posters have to be available.

Addressing public by speech with pre-stored messages or directly from the microphone system can also be effective if the infrastructure exists.

5.2.3.3. Opportunities and Hazards of Communication Systems

Ideally arrangements will be in place for critical gated storages such that operations staff will be able to physically access the dam during an extreme event, be supported over the duration of the event by relief operators as necessary and by provided essential external management support.

To manage a flood event reliably the local storage operators require a physically secure center where they can see that the equipment they are controlling actually responds to their inputs, along with clear and concise data on the storage level and the ability to easily access any data available from upstream streamflow gauging stations.

The ability to access available weather forecasts, receive guidance and support from experienced personnel on the control approach to be used and communicate situation status and local decisions back to their host organisation is also imperative.

However, the nature of extreme events is such that access, electrical power, data transfer, communications and even satellite communications can be lost, potentially leaving the local operator to manage an event larger than has ever been experienced in the past without basic guidance and support.

Un élément de base mais essentiel pour que les opérateurs puisent gérer de manière satisfaisante une crue extrême et qu'ils soient en possession d'un plan clair de gestion des crues et de sécurité du barrage de façon à leur permettre d'agir même s'ils sont isolés et sans accès aux directives fournies par autrui.

Néanmoins, l'accès à un plus grand nombre de donnes permet de réduire de fait les impacts potentiels pour la population située en amont ou en aval du barrage. Les modèles de propagation des ondes de crues qui vont des plus simples au plus sophistiqués peuvent fournir des informations précises et à temps si le propriétaire pense que la dépense associée est justifiée.

Un système de prévision de crues n'est pas un élément isole ou un modèle mais une suite d'outils d'aide à la décision qui dépend étroitement de la capacité à collecter des données et à les interpréter de manière satisfaisante.

Il est de bonne pratique que les donnes dynamiques sensibles suivent deux "chemins" pour les opérateurs et les responsables de 'exploitation que l 'on soit en mesure de filtrer les données erronées ou suspectes.

Les systèmes de communication entre le réservoir et le système de prévisions de crues se doivent d'être robuste avec une alimentation électrique de secours pour chaque site afin de minimiser l'impact d'une perte d'alimentation électrique ou les dommages dus à des chutes d'arbre ou la tempête.

Afin de permettre aux opérateurs et exploitants d'avoir un retour d'expérience sur l'inondation il est important de s'assurer de L'enregistrement des évènements, de la traçabilité des actions ainsi que les modèles et les données alors utilisées soient conservées. Ces outils permettent aux propriétaires et operateur de répondre aux demandes des parties prenantes qui souvent ne comprenne pas bien la complexité de gérer un réservoir en situation critique et qui peuvent penser à tort ou à raison que le réservoir est géré de manière inappropriée.

5.2.3.4. Regard du public

La manière de gérer et de surveiller les barrages change avec le temps. De nombreux barrage n'ont plus de surveillant qui réside à proximité du barrage et qui le surveille les barrages sont inspectes selon des plans préétablis définis dans des procédures de sécurité et il faut noter que le personnel alloue à cette tache change fréquemment. Les propriétaires de barrages ne sont donc plus aussi familiers avec leur barrage qu'ils ne l'ont été auparavant. Il est plus que probable que des gens qui n'ont aucune relation avec le propriétaire du barrage visitant le barrage et ses structures annexes plus fréquemment que le personnel du propriétaire du barrage. Ce sont soit des gens habitant à proximité soit des randonneurs. Il y a donc une opportunité d'utiliser efficacement ces visiteurs en tant que regard du public pour la surveillance du barrage. Par leurs observations ils peuvent contribuer au plan de sécurité du barrage. Les technologies de la communication permettent désormais aux individus de devenir des observateurs et de rapporter ces observations avec un minimum d'effort. Les observations peuvent être sous la forme de photographies envoyés à l'organisation en charge du barrage pour évaluation et éventuellement donner suite à ces observations.

Il est important de valider l'information reçue et d'avoir un dialogue avec les informateurs pour éviter les incompréhensions. En effet un grand nombre de gens ont une perception des barrages et des ouvrages hydrauliques différente de celle des ingénieurs et ils sont inquiets lorsque de ouvrages hydrauliques qui fonctionnent rarement sont mis en fonctionnement. Des appels d'urgence du public causèrent une rumeur au Colorado pendant une crue. – Un premier exemple : le Centre des mesures d'urgence recevait des appels téléphoniques parce que le public voyant de l'eau dans des endroits où il n'en avait jamais vu. L'explication était que l'évacuateur, qui n'avait que très rarement fonctionné, déversait. Un autre exemple est que le barrage de Starbucks s'effondrait car le débit de la rivière de la rivière grossissait lorsque le 'évacuateur déversait, ce qui était inhabituel dans les chutes du Colorado. En fait on était en présence d'évacuateurs qui fonctionnaient correctement mais qui n'avaient jamais déversés précédemment.

A basic but essential element of successfully managing an extreme flood is that operators have a clear flood release and dam safety plan that they can work to should they be isolated and unable to access other guidance.

Nonetheless, where more data is available it will be possible for those controlling a dam to better manage a flood event, potentially reducing its impacts on those above and or below the storage. Flood forecasting models are available to do so that range from simple to sophisticated and can provide accurate and timely information if their cost and complexity can be justified by the storage owner.

A flood forecasting system is not a single component or model, but a suite of tools used to support flood operational decision making and relies heavily on the ability to gather data from a range of sources and interpret this data to make accurate predictions.

Best practice would indicate that critical dynamic data should have at least two "pathways" to the operators and dam managers and that there should be a capacity to filter bad or suspect data.

Communications systems from the storage to the flood forecasting / modelling team also need to be robust with local power backup at each site in place to mitigate against likely electrical power loss or damage due to falling trees and other storm effects.

The ability to record these events, trace actions and model predictions and the data that they are based on at any one time is also indispensable in the aftermath of a flood event to assist operators and owners to learn from the experience. These tools also enable owners and operators to satisfy the expectations of external stakeholders who often do not appreciate the complexity of operating a critical storage and may rightly or wrongly believe that the storage is operated inappropriately.

5.2.3.4. Public Eyes

The way we handle and surveil dams' changes over time. Many dams have no longer a dam keeper who is living close to the dam and monitoring it. Dams are inspected as scheduled in a dam safety program and personnel changes more frequent. Consequently, dam owners are in general no longer that familiar with their dams as before. Probably, there are not related to the dam owner, who visit the dam sites and the adjacent structures more often than the dam owner's personnel, for example people doing recreational activities or living close to the dam. There is an opportunity to use those people who are familiar with the dam as "public eyes" for dam surveillance. They can contribute with observations as valuable support for the dam safety program. Communication technology allows individuals to become observers and reporters with little effort. Observations can be documented by e.g. photographs and submitted to the dam owner for further evaluation and follow-up.

An important aspect is to validate incoming information and to have a dialogue with the reporting people to avoid misunderstandings. Most people perceive dams and adjacent structures differently than engineers and seldom-operated structures might cause concern even if they are properly performing. For example, emergency inquiries from the public about a possible dam failure caused gossip during a flood in Colorado – in one case the Dam Safety received phone calls because the public saw flow in an area not seen before. But it turned out to be flow through the spillway that had been used very infrequently. Another example was overheard at a Starbucks that a dam is failing, because the river flow went up when the spillway started to flow, which was unusual in the fall in Colorado. They observed properly operating spillways, which they never before had seen spilling water.

La perception du public aux structures hydraulique pourrait être plus réaliste, s'il était mieux informé sur les barrages et leurs structures annexes. Il en résulterait une plus grande précision dans les questions et les informations transmises par ce dernier. La communauté des barrages et des propriétaires d'ouvrages peut contribuer à l'amélioration de la compréhension du public aux barrages. Les moyens modernes des technologies de la communication peuvent être utilisés pour disséminer l'information et illustrer le mode de fonctionnement des structures hydrauliques notamment celle des évacuateurs. Le propriétaire du barrage peut faciliter la collecte des informations en mettant à la disposition des informateurs des programmes spécialement conçus pour collectionner les observations et leur positionnement. Ce system peut e être très utile dans le dialogue avec les informateurs pour obtenir une meilleure spécificité de l'information, des changements sur les conditions de fonctionnement et les alerter sur le mode de fonctionnement de structures telles que les évacuateurs et les vidanges de fond.

L'implication du public dans la surveillance des barrages augmente sans aucun doute la sensibilité du public aux barrages. Il est probable que la meilleure compréhension de ces structures aura un effet positif sur la sécurité du public aux alentours des barrages.

5.2.3.5. Recommandations pour une communication efficace

Recours à des canaux multiples – Comme évoqué dans ce document, la présence d'équipes étoffées e permanence sur un site n'est plus d'actualité. On utilise de plus en plus l'instrumentation et la télécommande pour le contrôle et l'opération. En raison des difficultés d'accès il se peut que l'instrumentation soit la seule source d'information en période de crue. Il peut être risqué de faire confiance pour la sécurité des ouvrages a un seul système et on lui préfère le recours à des canaux multiples.

Mise en place d'un plan de communication – Chaque operateur/exploitant de barrage doit être en possession d'un plan de communication qui repose sur la collecte et la dissémination des données aux moyens de canaux multiples. Il peut comprendre l'observation visuelle par les opérateurs locaux ou les citoyens dans le voisinage, le contrôle des éléments critiques, la collecte et la vérification des données par des personnes compétentes ainsi que la définition de missions du personnel sur l'aménagement ou bien à distance. Ce plan doit faire partie du plan d'action d'urgence.

Tests des plans d'urgence – les plans d'action d'urgence doivent être régulièrement testés pour déterminer les points sur lesquels ils doivent être améliorés, mettre en place l'entrainement nécessaire et vérifier l'efficacité du plan. Des exercices sur table sont généralement réalisés annuellement auxquels participe le personnel du barrage en charge des situations urgentes. L'exercice est réalisé pendant une réunion formelle ou les participants travaille sur les instructions besoins d'intervention définis dans le Plan d'action d'urgence. Un exercice fonctionnel est une mise en œuvre sur le terrain des réponses aux besoins d'intervention à un ou plusieurs types de défaillance. Ce type d'exercice est généralement couteux et est réalisé avec une fréquence quinquennale.

The people's perception of hydraulic structures could be more realistic, if they would know more about dams and adjacent structures. Consequently, inquiries and reports would become more precise. The dam society and dam owners can contribute to increase the understanding about dams in the public. Modern communication technology can be involved as a useful medium to distribute information and to illustrate operation of hydraulic structures such as a spillway under operation. The dam owner can facilitate giving feedback by promoting specific designed programs or applications for documenting observations and proper registration of the location. In addition, such a system can be useful in the dialogue with the reporting people to ask for further specification of the information, updates on conditions or to alert them about expected operation of certain structures such as spillways and bottom outlets.

Involving the public in dam surveillance will furthermore increase the public awareness of dams. Consequently, a better understanding of the structures will probably have a positive effect for the public safety around dams.

5.2.3.5. Recommendations for Effective Communication

Multiple channel methods – As discussed in this document, the times of having a large staff presence continuously at a dam project is diminishing, as they are being replaced by instrumentation and remote monitoring and operation. On many projects, the instrumentation may be the only source of information during times of flood, due to impediments for site access. Relying on one set of data to correctly relay dam safety conditions may be a bit risky and multiple channels of information are preferred.

Plan development – Each dam owner/operator should have a communications plan that includes multiple channels of data gathering and dissemination. This can include visual observation by local operators or citizen neighbors, monitoring of critical components or conditions, data retrieval and review by knowledgeable dam safety personnel, and defined assignments for personnel at and away from the dam. Such plans should be part of an Emergency Action Plan that is understood by all participants.

Regular plan testing – Emergency Action Plans or response plans need to be tested on a regular basis to indicate issues within the plan that need to be improved, to provide the training needed, and to evaluate the effectiveness of the plan. Table-top exercises are typically performed annually and include the emergency personnel associated with the dam. The exercise is performed in a formal meeting with participant working through the EAP response requirements. A Functional Exercise involves actual field implementation of the EAP response requirements assuming one or more potential failure modes. This type of exercise is typically expensive and, therefore, performed at about five-year intervals.

6. CONCLUSION

La conception des ouvrages d'évacuation des barrages dépend d'un grand nombre de facteurs hydrologie, type de barrage, conditions topographiques et géologiques du site, technologies existantes. Il en résulte une grande variété dans les aménagements et l'impossibilité d'énoncer des règles précises et d'application générale. Les réponses à l'enquête ont montré qu'il en est de même pour les types d'exploitation, particulièrement en période de crue.

Mais la diversité des situations ne doit pas dissimuler la tendance à l'utilisation croissante de l'automatisation, des télémesures et des télécommandes, dans l'exploitation des ouvrages d'évacuation des barrages, pratiquement dans tous les domaines de cette activité, même en période de crue.

Cette évolution permet à l'exploitant de s'affranchir de la nécessité de maintenir sur place un service de quart permanent, si ce n'est pour un groupe de plusieurs ouvrages ; le personnel correspondant peut alors assumer la responsabilité d'installations complexes telles que centrales hydro-électriques ou stations de pompage. Mais, même dans de tels cas, on constate la tendance à remplacer le service de quart par un système "d'astreinte", le personnel n'étant pas présent en permanence sur le lieu de travail, mais simplement disponible à son domicile grâce à l'utilisation de systèmes de télémesures et téléalarmes. La situation peut être différente en temps de crue où on observe souvent la mise en place de services de quart temporaires (assurés par le personnel d'entretien) mais, même dans ce cas, les automates accomplissent des tâches de plus en plus nombreuses, depuis la détection de l'arrivée des crues jusqu'à la commande des manœuvres des vannes, en passant par la définition des manœuvres à effectuer. Il existe des exemples d'aménagements où aucune intervention humaine n'est nécessaire, même en temps de crue sévère, sauf pour s'assurer qu'aucune anomalie ne se produit.

La tendance vers l'automatisation croissante se répercute sur la définition même de l'état de crue : traditionnellement, on distingue un "état de routine", un "état de veille" ou "d'alerte" qui précède la crue et un "état de crue". Dans la mesure où des automates prennent en charge la surveillance et l'approche de la crue, l'"état de veille" tend à disparaître ; dans la mesure où des automates peuvent aussi assurer l'élaboration, puis l'exécution des manœuvres, l'"état de crue" peut presque se confondre avec l'"état de routine".

Quel que soit le mode d'exploitation, les manœuvres seront d'autant plus judicieuses que les informations reçues seront plus précoces, notamment le débit entrant dans la retenue (surtout si la capacité de cette dernière est faible). On notera à ce propos l'intérêt présenté par les stations de jaugeage implantées en amont des retenues et l'importance de la fiabilité des liaisons assurant la transmission des informations correspondantes.

L'exploitation en période de crue se ramène à un problème classique de régulation, dont le type de solution dépend essentiellement de la capacité de la retenue. Pour des retenues dont le volume est grand ou moyen par rapport au volume des crues, une régulation modérément performante, basée sur la mesure du niveau et de sa vitesse de variation est souvent suffisante. Les vannes automatiques à commande hydraulique (clapets, vannes à flotteur ...) peuvent alors constituer une solution si les débits ne sont pas trop importants et à condition que la conception de l'automate soit convenable (des déboires ont été observés). Lorsque le volume de la retenue est petit par rapport au volume des crues, la régulation pose des problèmes plus difficiles, les informations doivent être nombreuses et précoces, la détermination et l'exécution des manœuvres doivent être rapides et un calculateur peut rendre de grands services. Aussi assiste-t-on à une utilisation de plus en plus fréquente de ce type de matériel. Cette utilisation est encore plus intéressante lorsqu'il s'agit d'exploiter une série d'ouvrages construits dans un même bassin, car on peut alors centraliser et coordonner à un poste de commande unique, non seulement l'élaboration des manœuvres, mais également éventuellement la commande de ces manœuvres, soit directement, soit par transmission de paramètres de consignes. On notera en outre qu'un doublement de calculateur et un logiciel approprié permettent un contrôle croisé assurant une bonne sécurité de fonctionnement du système. Les difficultés résident alors plus dans l'adéquation du logiciel que dans le matériel.

6.   CONCLUSION

The design of a dam and its hydraulic appurtenances is governed by numerous factors: hydrology, dam type, topographic and hydrological potential of the site and existing technology. This means that there is a wide variety of schemes and it is impossible to lay down any precise rules. The replies to the enquiry have shown that the same applies to operating methods, especially in periods of flood.

But the diversity of the situations reported nevertheless concealed a clear trend towards the increasing use of automation, telemetering and remote control in all operations connected with the hydraulic works at dams, including in times of flood.

This relieves the operator of his former obligation of keeping a permanent shift of attendants at the dam, or at least allocating them several dams to watch, the staff can be put in charge of complex installations such as hydro-electric power stations or pump stations. Even in these cases, shift work is tending to give way to a system of partial attendance in normal working hours, with the staff on call for the rest of the time at home, provided telemetering and remote alarm systems are installed. The situation can be different in times of flood. A full shift system is sometimes moved in for the occasion (made up of the maintenance personnel) but even in this case, automatic systems are taking over more and more jobs, from detection of the arrival of a flood to determination and execution of the relevant gate operations. There are examples where no human intervention at all is necessary, even during severe floods, except to keep a watch that there is no malfunctioning.

The trend towards increasing automation is even affecting the definition of a flood: traditionally, the distinction is made between routine work, readiness or standby just before the flood, and flood operation. Insofar as automatic systems are becoming responsible for detecting the approaching flood, the standby period may entirely disappear; if these automatic systems determine what releases are necessary and actually operate the gates, then flood periods will hardly be distinguishable from normal routine operation.

Whatever method of operation is used, the flood will be better routed if information on inflow into the reservoir (especially if the reservoir is small) is received early. In this context, there are advantages in having gauging stations upstream of the reservoir, and it is important for the data transmission links to be reliable.

Dam operation in flood periods is in fact the usual problem of regulation to which the type of solution is closely tied up with the capacity of the reservoir. Where it is large or moderate as compared with the flood volume, approximate regulation based on monitoring the headwater level and the speed at which it changes is often sufficient. Hydraulically operated automatic gates may be suitable where discharge is not too great, provided the automatic system is properly designed (mishaps have occurred). When the reservoir is small compared to floods, regulation becomes more difficult, more data must be obtained earlier, gate operation must be quickly calculated and performed, and computers can be very useful for this purpose. One therefore observes increasing use of this type of equipment. It is all the more advantageous when a series of dams on a single basin must be operated, because gate operation can be coordinated from a single control centre (and the gates may even be actually opened from that centre, either directly or by remote setting of threshold values). Computer redundancy and adequate software provides for a constant cross-check that each system is functioning correctly. It is not so much the hardware as program design that is the problem.

L'automatisation et l'utilisation de télémesures et de télécommandes ont cependant quelques contreparties. Compte tenu des exigences de sécurité, il convient tout d'abord que les équipements soient plus redondants que dans les systèmes classiques de régulation, y compris l'alimentation en énergie. D'autre part, on ne peut supprimer complètement l'intervention du personnel, notamment en temps de crue ; dans la plupart des cas, il est nécessaire qu'un personnel relativement qualifié surveille le fonctionnement du matériel de façon à parer aussitôt que possible aux défaillances éventuelles. En particulier, les consignes d'exploitation doivent définir de façon précise les opérations à effectuer pour la reprise d'une exploitation en marche 'manuelle" en cas de défaillance d'automates ou de transmissions.

Enfin, l'utilisation de ces technologies modernes n'est concevable que si le matériel est parfaitement entretenu et peut être réparé ou remplacé rapidement, ce qui suppose la présence d'équipes d'exploitation d'un bon niveau de technicité. On ne saurait trop insister sur ce point.

D'une façon générale, d'ailleurs, le principal élément de sécurité de l'exploitation des ouvrages hydrauliques est un bon entretien. Ceci nécessite des contrôles systématiques de tous les organes, aussi bien des ouvrages de génie civil que du matériel électromécanique. La technique permet même, désormais, l'inspection des ouvrages immergés par plongeurs ou sous-marins (habités ou télécommandés). Il n'est cependant pas nécessaire, en général, et compte tenu du coût de ces visites, de procéder à de telles inspections d'ouvrages immergés à des fréquences très grandes. On adopte en général des périodicités de 5 à 10 ans.

Il apparaît de toutes façons primordiales de procéder régulièrement à des essais de fonctionnement en eau (et si possible sous la charge maximale et pour le débit total) des ouvrages de vidange profonds. On s'assure ainsi de leur bon fonctionnement, ce qui donne confiance à l'exploitant qui n'hésite plus à les employer en cas de nécessité.

Il est en général plus difficile de procéder à des essais systématiques des vannes d'évacuation des crues. Leur entretien et leur contrôle par l'exploitant n'en sont que plus nécessaires.

En conclusion, on peut dire paradoxalement que les meilleurs ouvrages hydrauliques sont ceux qui n'existent pas ; de ce point de vue, les évacuateurs de crue constitués par des déversoirs à seuil libre présentent tous les avantages d'une bonne régulation et d'une sécurité de fonctionnement sans égale. Leur domaine d'application est évidemment limité, mais on peut recommander leur utilisation chaque fois qu'elle n'entraînera pas des dépenses prohibitives.

Automation, telemetering and remote control do have shortcomings. Operational safety requires that more redundancy must be built into the system, including alternative power supplies, than with conventional regulation systems. Furthermore, human involvement cannot be entirely dispensed with, especially during floods. In most cases, it is necessary for quite skilled personnel to keep a watch over the equipment, and take remedial action in the event of faults, rules must clearly state in detail what action must be taken to switch over to manual operation if there is a breakdown in the control system or communications channels.

Lastly, the use of such modern technology is only conceivable with a high standard of maintenance and availability of skilled service for prompt repairs, which implies having skilled staff. It is impossible to overstress this point.

Generally speaking, the principal factor in operational safety for hydraulic structures is proper maintenance. This calls for systematic inspection of all parts, both the civil works and the electrical and mechanical equipment. Means are now available for inspecting underwater parts, by diver or submarine (manned or remotely controlled). However, such inspection of underwater parts is costly and it is not generally necessary too often. Inspections are generally made every 5 to 10 years.

An overriding requirement is for regular testing (preferably under maximum head and maximum discharge conditions) of the deep outlets. This provides a check on the operation of the gates and conduits and gives the operating staff enough confidence so that they will not hesitate to use them when needed.

It is generally more difficult to make systematic tests of the spillway gates. This makes maintenance and inspection even more important.

We shall conclude with the paradox that the best hydraulic appurtenances are those that do not exist: spillways in the form of free overflow weirs have all the advantages of good regulation and unequalled reliability. They cannot of course be used in every case, but they can be recommended whenever their cost would not be prohibitive.

ANNEXES

Barrage mobile totalement automatique :

Caderousse sur le Rhône (France)

Exploitation globale et intégrée d'une chaine d'ouvrages :

Sonohara sur la Katashina (Japan)

Solution idéale du déversoir a seuil libre :

Mattmark sur la Saaser Visp (Suisse)

Exploitation manuelle assortie d'un système de vannes :

Aldeadavila sur le Duero (Espagne)

Exploitation d'un grand ouvrage comportant une retenue très importante :

Gariep sur /e fleuve Orange (Afrique du Sud)

Exploitation d'un barrage sur un cours d'eau soumis à des crues soudaines et puissantes en climat tropical :

Luis L. Leon (El Granero) sur le Rio Conchas (Mexique)

Exploitation d'un barrage à buts multiples appartenant à une grande organisation :

Folsom sur /'American River (Californie (Etats-Unis)

APPENDICES

Fully automatic dam,

Caderousse on the Rhône River, France

Integrated operation of a cascade,

Sonohara on the Katashina River, Japan

The ideal uncontrolled spillway solution,

Mattmark on the Saaser Visp River, Switzerland

Manual operation combined with automatic gate system,

Aldeadavila on the Duero River, Spain

Operation of a large dam with a very large reservoir,

Gariep on the Orange River, South Africa

Tropical climate, large flash floods.

Luis L. Leon (El Granero) on the Rio Conchos, Mexico

Multi-purpose dam run by a very large operator,

Folsom Dam on the American River, USA

APPENDIX I - FULLY AUTOMATIC DAM

CADEROUSSE ON THE RHONE RIVER. FRANCE

The Compagnie Nationale du Rhône (CNR) was granted the concession for developing the Rhône River (France) in order to harness the potential of the river with the threefold objective of generating hydroelectricity, ensuring navigation and providing water for agricultural use. The resources on the Rhône River developed and operated by CNR are composed of 18 hydropower schemes in series of which 6 are located upstream of Lyon on the Upper Rhône and 12 downstream of Lyon on the Lower Rhône (figure 1-1).

The average annual generation of all these hydropower schemes is 15.7 TWh. Apart from the dam furthest upstream (Génissiat), which is a medium head hydropower plant, they are all equipped with gate structure dams. For two of the structures, the dam is built adjacent to the plant (Seyssel and Vaugris HPP). The other hydropower schemes have a diversion canal on which the hydropower plant is built. These are low head hydropower plants with heads from 6.1 m (Vaugris) to 22 m (Donzère Mondragon). The hydropower plants, dams, locks, canals and associated structures are operated by the Compagnie Nationale du Rhône.

The average discharge of the Rhône River at Caderousse is 1,515 m³/s. The ten-year flood discharge is 7,200 m³/s.

Drawing advantage from the rise in water level due to the dam, the hydropower plant has a head of 8.6 m. Six bulb type turbines are installed, generating a total output of 156 MW for a discharge of 2,280 m³/s, generating 843 GWh on average year.

The dam has eight radial gates, 22m wide and 12.10m high. Four of these gates have flaps on top. The dam is designed to discharge a maximum of 12,500 m³/s, representing the thousand-year flood (figures 1-2). The flood of yearly return period represents approximately 200 times the live pondage, making the scheme very sensitive to floods.

OBJECTIVES

The operating objectives are set out in specifications. The operating procedures are based on a level of the reservoir at a regulation point located at kilometre 203.2, 10 km upstream of the dam:

If $0 < Q < 2,285$ m³/s, the level of the regulation point must be between 35.5 and 35 elevation with a tolerance of +/-10 cm,

If $2,285$ m³/s $< Q < 3,850$ m³/s: the level of the regulation point must be set at 35.5 elevation with a tolerance of +/-10 cm.

If $3,850$ m³/s $< Q < 6,160$ m³/s: the level at the regulation point rises so that it is equal to the elevation of the water line before the development scheme,

If $Q > 6,160$ m³/s: the level is set at 35.9 elevation at the regulation point located at 5.2 km upstream of the dam.

The objective is to produce the maximum amount of energy without stepping outside the operating procedures resulting from the obligation to avoid exacerbating flooding.

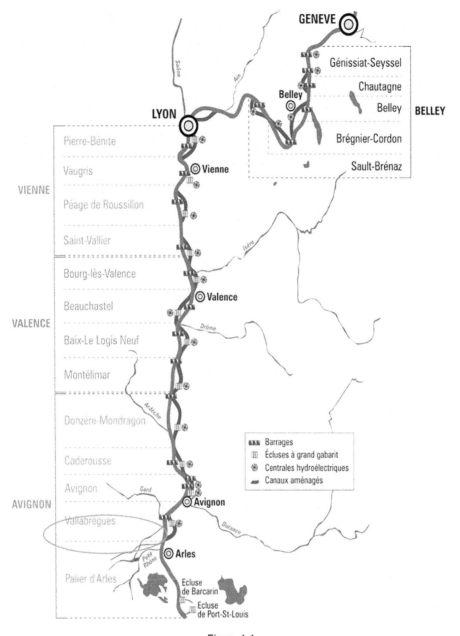

Figure 1-1

Usines Hydro-électriques du Rhône, de Genève à la mer

Hydro-electric power stations on the Rhône river, from Geneva to the sea

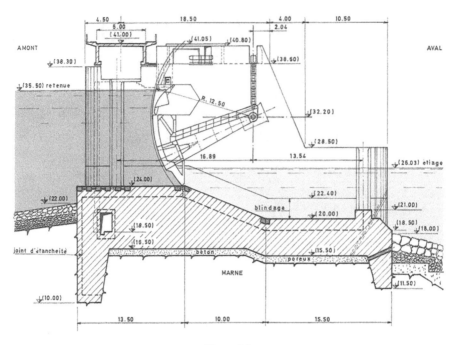

Figure 1-2

Coupe transversale du barrage de Caderousse

Cross section of Caderousse dam

OVERNIGHT STORAGE

Normal operation makes use of overnight storage to carry off-peak energy over to peak hours. Pondage is turbined by drawing down the headwater level slightly and making it up at night.

AUTOMATED OPERATION

The Compagnie Nationale du Rhône decided to automate the operation of this series of 18 development schemes as much as possible, including the operation of dams during floods. To this end, a computer was installed in each plant.

The entire series is monitored from a centralised telecontrol centre based in Lyon (Rhône Telecontrol Centre, CTR). Its general mission is to perform the remote monitoring and control of the hydropower schemes on the Rhône 24h a day 7 days a week.

The architecture of the operating and monitoring system is organised in several hierarchical levels. In particular, the local computer located at the hydropower plant permits totally safe and independent operation. Thus, the link with the CTR can be cut without impacting the hydraulic safety.

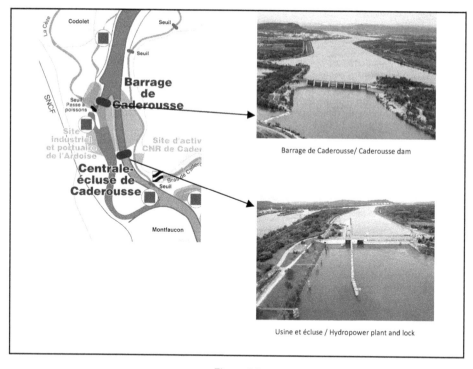

Figure 1-3

Caderousse

Plan général des abords du barrages

Layout of the dam

OPERATION DURING FLOODS

Flooding is declared when the discharge entering the hydropower scheme exceeds 5,400 m³/s. Management of operation is fully integrated and performed by a computer specific to each plant of the series of power plants.

The computer receives large quantities of information automatically:

- Discharges at dams located upstream

- Discharges at gauging stations upstream

- Levels at several points of the reservoir

- Discharge downstream

- Discharge flowing through the dam

- Discharge through the turbines.

The PLC[1] receives processes and compares these different parameters in real time, calculates the theoretical incoming discharge and compares it to the real discharge; it determines the operations to be performed and orders their execution.

The computational power of the new equipment has led to developing the concept of "predictive regulation". The computerised operating system comprises an embedded numerical model of the reservoir and can determine the impact of the operations it controls on the progression of the level of the reservoir. The performance of the computers allows repeating this simulation every 100 seconds and managing the dynamic behaviour of the reservoirs with great accuracy.

STAFF

A standby system is used, and 4 people are on permanent standby with different levels of responsibility. These personnel are present at the plant or at their homes. Therefore, the dam is not usually manned.

The personnel perform routine maintenance tasks and monitor the efficient operation of the computer and all the installations.

A "general" directive specifies the rules to which the operator must conform for managing the different operating modes. In particular it identifies the situations that require permanent human presence in the control room of the hydropower plant or dam. Thus, it sets out the value of the maximum discharge without human presence for computerised automatic operation (DMSPH) for each hydropower scheme.

The threshold of the DMSPH can be lowered temporarily when commissioning a new computer or when modifying the software. It cannot exceed the value set by the general directive.

THE RHÔNE TELECONTROL CENTRE (CTR)

All the hydraulic and energy information relating to the 18 CNR hydropower schemes on the Rhône are centralised in this facility.

To fulfil its mission successfully, the CTR provides a continuous service organised in three eight hour shifts and implements dedicated tools. Both the operator at the CTR and the local operator at the site have a complete view of the hydropower scheme updated in real time, provided by computerised applications in network.

A standby site has been installed outside Lyon to ensure service continuity. This site houses several replicated servers. In case of failure of the main site, it permits carrying out all the CTR's missions (monitoring and control of the hydropower schemes).

The architecture of the Rhône operating and telecontrol system comprises no less than 70 servers, 18 operating computers and 300 PLCs interfaced with the process. The telecontrol systems are fully replicated without manual intervention.

The CTR is equipped with central SCADAs[2] The operator has several Man/Machine Interfaces available on which he can visualise all types of information on the inflows of the Rhône and its tributaries, the discharges flowing through the dams and plants, the levels at different regulations points, the presence of operators in the structures, the regulation mode, generation programs, and

---

1 Programmable Logic Controller
2 Supervisory Control and Data Acquisition

so forth. The SCADA receive this information automatically via two separate ways. The supervising operator transmits the production programs to the computers of the 18 hydropower schemes.

The essential missions performed by the CTR are:

- Monitoring levels and discharges,

- Transmitting and displaying production programs formulated on day D-1 by the Rhône Production Management Centre,

- Implementing actions on an infra-daily basis to optimise production and minimise the economic impact of variations on the balance perimeter,

- Coordinating operation in case of flooding or exceptional manoeuvres.

If a local computer or item of equipment fails, the different alarms are sent to the CTR and the personnel on standby at the site. It is then up to the supervising operator to check that the standby personnel have been warned in good time.

TRANSMISSION

The information from the different measurement points are transmitted by replicated links (wire, optical fibre, radio).

Transmission between the plants, dams and points required for supervising and operating the process (certain isolated level meters, pumping stations, etc.) and the CTR is done via CNR's own optical fibre network. It is replicated by looping ensured by other operators (figure 1–5).

Some points are too remote to be connected to the optical fibre network, so classical radio links operating at 400 Hz are used. The topography of the terrain generally allows establishing point to point links.

FAULT PREVENTION METHODS

In the case where excessive loss of information occurs, an alarm is triggered, and the operator must switch to manual control. Likewise, if the data stray too far from reality (the computer tests the data consistency) or if the computer itself crashes.

Whatever the case, a basic automatic and fully independent system installed on the dam performs precautionary manoeuvres if the level of the reservoir is too high or low.

Lastly, the electric power supply is installed in triplicate: the main supply, the plant, and a fuel driven generator set.

INSPECTION AND TESTING

Full gate manoeuvrability is tested every three years, using the stoplogs.

Every year, a check is performed to ensure that hydraulic conditions allowed each gate to be opened by one tenth of its opening. If this is not the case, a real test with opening by one tenth is organised.

The automated switching of the dam electric power supplies is tested regularly.

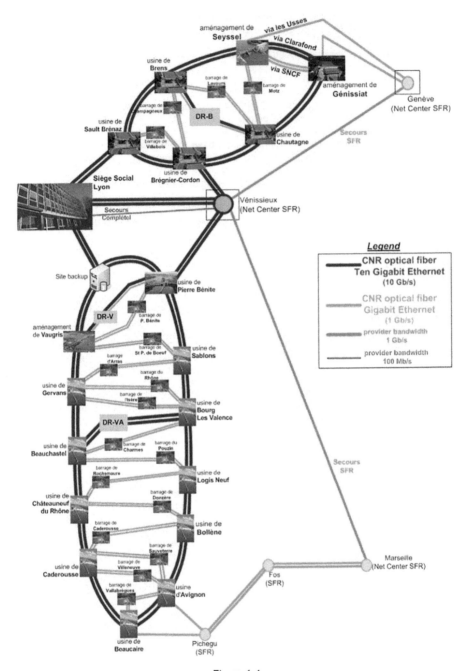

Figure 1-4

Schéma du réseau de transmission par fibre optique

Diagram of the optical fibre transmission network

The operation of hydropower schemes such as that of Caderousse is fully automatic and provides many advantages regarding early availability of information, speed of action and precision manoeuvring. Automation allows taking into account a large number of parameters and obtaining far more efficient operation.

However, the progress achieved in the performance of automatic operating systems should not call into question the basic principle of ensuring safe dam operation: human operators must be capable of taking over control of the hydropower schemes at any moment. It is essential to have simple means available to act directly on the safety devices and have qualified and trained personnel.

Lastly, CNR is especially vigilant when it comes to keeping the devices that ensure hydraulic safety in operational condition. It ensures constant monitoring, fast and efficient repair in case of need, and serious and regular maintenance.

APPENDIX 2 - INTEGRATED OPERATION OF A CASCADE

SONOHARA ON THE KATASHINA RIVER, JAPAN

The Sonohara dam in Japan lies on the Katashina River, one of the tributaries to the Tone River which flows eastward to the Pacific Ocean. The project of the upper basin of the Tone River consists of six dams; Fujiwara, Aimata, Sonohara, Yagisawa, Shimokubo and Kusaki. The purposes of the Sonohara dam, a concrete gravity dam 76.5 m high and 127.6 m long at the crest, are flood control, power generation and irrigation, Gross storage capacity is 20.3hm^3 with an effective capacity of 14.1 hm^3. Annual runoff is 316hm^3 for the catchment area·of 493.9hm^2, and it takes 16 days to fill the reservoir. The dam is owned by the Government of Japan.

GATE

There are three Conduit Gates at the base of the dam controlled by 3.56 m x 5 m gates under a head of 51.45 m. Maximum discharge capacity of these gates is 1,550 m^3/s. There are also four Crest Gates (7.5 m x 8.363 m) at the dam crest. Lastly, a Howell Bunger Valve at the bottom of the dam has a discharge capacity of 12 m^3/s.

MAINTENANCE

This is executed to achieve the purposes of this dam every year. That is, there are tasks related to the facilities management such as inspection, maintenance and repair for securing the safety of the dam body and areas around the reservoir, and the proper functions of various facilities. The purposes of dam construction can be achieved only when all of these tasks are performed safely and reliably.

OPERATION

Operational problems in the Tone basin are quite unusual. Because of the geography, it is not possible to have a large storage reservoir at the head of the scheme to control floods. The individual reservoirs are small and spillage from each dam must be managed to the best effect. Floods occur in summer, covering about 20 days per year.

PURPOSE OF DEVELOPMENT

The general arrangement of the dams is shown in Figure 2-1. Flood regulation operates as shown, the figure on the upstream side of each dam representing the inflow, and the figure on the downstream side being the spillage for the reference flood pattern used as a basis for calculating outflow.

The ultimate object is to control floods so that flow at Yattajima at the downstream end is 14,000 m^3/s instead of the natural 17,000 m^3/s.

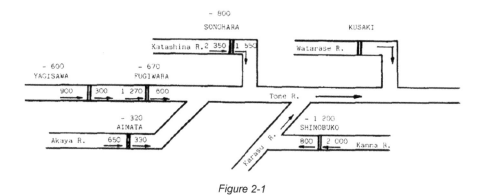

Figure 2-1

Aménagement de la rivière Tone – Diagramme de contrôle des crues

Tone river project – Flood control diagram

R: River	Rivière
Dam	Barrage
Flows in m³/s	Débits en m³/s

FLOW CONTROL

The probable maximum flood discharge at the dam is estimated at 2,820 m³/s. The following rule applies to an inflow less than 2,350 m³/s (design high water discharge),

The 2,350 m³/s flood must be reduced to 1,506 m³/s by storage in the reservoir. The conduit gates thus release up to 1,550 m³/s as shown in the hydrograph in Figure 2-2. The full inflow is discharged so long as it is less than 1,000 m³/s. beyond which spillage is governed by:

Qoutflow = 1,000 + (Qinflow – 1,000) x 0.296 until reaching the flood peak.

When inflow begins to decline, the outflow rises to 1,550 m³/s. This means that inflow is stored during the flood and released afterwards, because most of the reservoir capacity is designed solely for flood control (Figure 2–3). The crest gates are opened above 2,350 m³/s.

IRRIGATION

Irrigation releases of 140 m³/s must be permanently maintained at Kurishashi 49 km downstream of Yattajima to irrigate 1,200 hectares. This compensational water requirement thus applies to all six dams.

HYDROPOWER

Maximum turbine discharge is 20 m³/s and the installed capacity is 26 MW.

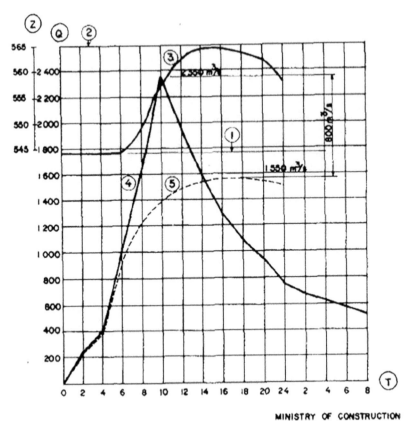

Figure 2-2

Barrage de Sonohara – Laminage des crues

Sonohara dam – Flood routine

T.	Temps (en heure)	Time (hours)
Z.	Niveau du réservoir	Reservoir Water level (m)
Q.	Débits (m³/s)	Flows (m³/s)
1.	Niveau minimum exploitation : 543,40	Low water level : 543,40
2.	Niveau maximum de retenue : 565	Low water level : 543,40
3.	Niveau de la retenue	Water level
4.	Débit entrant	Inflow
5.	Debit évacué	Outflow
	Débit entrant <1 000 m³/s : débit évacué sans laminage	Inflow <1 000 m³/s: discharge is free flow
	1 000 m³/s < Débit entrant < 2 350 m³/s : le débit évacué est : 1 000 = (débit entrant – 1 000) x 0,296 m³/s	1 000 m³/s < Inflow < 2 350 m³/s discharge is: 1 000 = (Inflow – 1 000) x 0,296 m³/s
	Au-delà, les vannes de surfaces sont ouvertes	After this, survace gates are opened

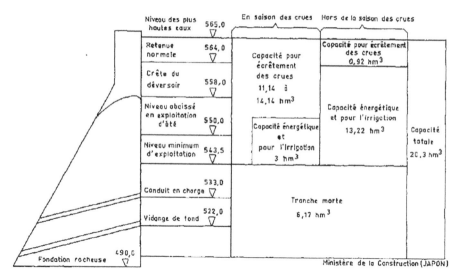

Figure 2-3

Barrage de Sonohara – Repartition de la capacité de la retenue

Sonohara Dam – Allocation of storage capacity

Determination of gate operation during floods for early data collection and rapid response, an electronic computer is quite indispensable. It runs all six dams, continuously receiving data directly from the dams and the water level and rainfall gauging stations.

The computer assembles, processes and selects this data and uses them to calculate inflow (Fig. 2–4), inputs are water level, rate-of-change in water levels, spillage, turbine discharge, measured and predicted rainfall. The computer determines gate openings with reference to the rules described. Data is transmitted over underground lines or radio communication lines.

STAFF

The dam has staff round the clock operating the gates, based on the computed results. The conduit gates are remotely controlled while the crest gates are operated from the dam top.

The dam staff also observes whether everything is working properly.

The gates have a hydrostatic head operating mechanism.

Operation of the Tone River basin requires early warning and rapid responses. Speed and precision are reconciled through a computer which assists in the running of the installations. This is a typical situation in which such a solution is beneficial.

Note Readers are referred for further information to Report 25, Question 41, 11th ICOLD Congress, 1973.

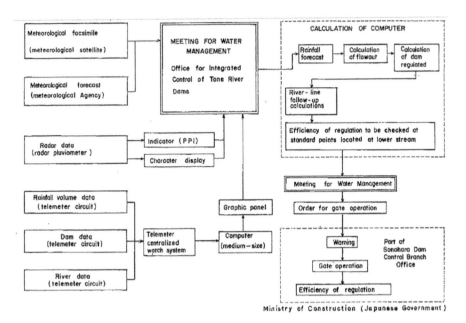

Figure 2-4

APPENDIX 3 - THE IDEAL UNCONTROLLED SPILLWAY SOLUTION

MATTMARK ON THE SMSER VISP RIVER, SWITZERLAND

Mattmark dam was built between 1961 and 1967 on the Sasser Visp river near Saas Fee in the Valais region of Switzerland. It is an earth dam 120m high with a crest length of 770m. Reservoir capacity is 100 hm³ at an altitude of 2,197m. Annual inflow from the Sasser Visp and tributaries is 120hm³ (Figure 3-1, 3-2).

Mattmark reservoir is at the head of a hydro-electric system comprising two main power stations (74MW and 160MW) in cascade supplied from the Mattmark Lake, and a 42MW pumped storage scheme to improve water management. The dam is also designed for flood control. These objectives are stipulated in a specification and internal rules and can be summarized as follows: fill in summer (snowmelt) and draw down in winter.

The dam has a bottom outlet, 3.20m inside diameter and 968m long, with a capacity of 50m³/s. On the right bank, there is an uncontrolled overflow spillway with its sill at elevation 2 197m followed by a 4m id tunnel 480m long, capable of 150m³/s. At elevation 2 174m, there is an intermediate outlet tunnel designed for 20m³/s, discharging into the spillway (Fig. I-3).

Regulations require an annual internal inspection through the inspection galleries.

The bottom outlet tunnel is controlled by two gates in series, the downstream gate being used under normal conditions.

The dam attendants are responsible for maintenance and monitoring.

Three shifts of 4 men each, shared by the hydro-electric powerstations, operate the whole scheme from the Stalden power station farther downstream, the running of the hydraulic parts is obviously greatly simplified. Turbine discharge is governed by power requirements and the uncontrolled spillway discharges anything over elevation 2 197m.

Floods represent only one week per year on average.

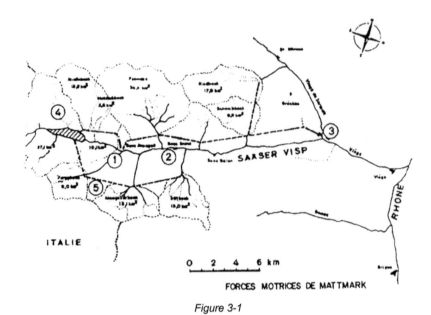

FORCES MOTRICES DE MATTMARK

Figure 3-1

Aménagement de Mattmark – Plan de situation

Mattmark project – Location plan

1.	Usine de Zermeiggern : 74 MW	1.	Zermeiggern powerstation : 74 MW
2.	Usine de Saas Fee : 1,5 MW	2.	Saas Fee powerstation : 1.5 MW
3.	Usine de Stalden : 180 MW	3.	Stalden powerstation : 180 MW
4.	Réservoir de Mattmark : 100 hm³	4.	Mattmark reservoir : 100 hm³
5.	Adductions rive droite	5.	Right bank catchwater

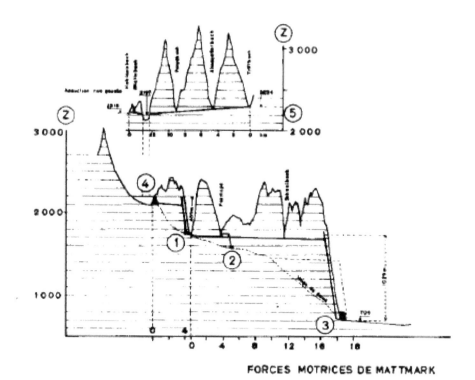

FORCES MOTRICES DE MATTMARK

Figure 3-2

Aménagement de Mattmark – Profil en long

Mattmark project – Longitudinal profile

Z	Altitude (m)	Z	Elevation (m)
1.	Usine de Zermeiggern : 74 MW	1.	Zermeiggern powerstation : 74 MW
2.	Usine de Saas Fee : 1,5 MW	2.	Saas Fee powerstation : 1.5 MW
3.	Usine de Stalden : 180 MW	3.	Stalden powerstation : 180 MW
4.	Réservoir de Mattmark : 100 hm³	4.	Mattmark reservoir : 100 hm³
5.	Adductions rive droite	5.	Right bank catchwater

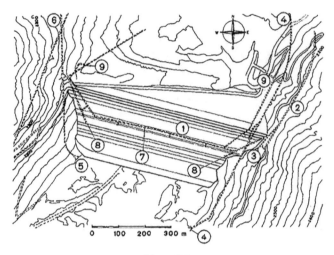

Figure 3-3

Aménagement de Mattmark – Vue en plan

Mattmark project – Plan view

Volume de réservoir utile 100 hm³		Reservoir useful volume : 100 hm³	
Cote des plus hautes eaux : 2 197		Maximum water level : 2197	
1.	Corps du barrage	1.	Dam body
2.	Évacuateur de crue	2.	Spillway
3.	Vidange intermédiaire	3.	Intermediate outlet
4.	Vidange de fond	4.	Bottom outlet
5.	Prise d'eau	5.	Intake
6.	Galerie d'amenée	6.	Headrace tunnel
7.	Galerie de drainage	7.	Drainage gallery
8.	Galerie d'injection	8.	Grouting gallery
9.	Galerie d'accès	9.	Assess gallery

APPENDIX 4 - MANUAL OPERATION COMBINED WITH AUTOMATIC GATE SYSTEM

ALDEADAVILA ON THE DUERO RIVER, SPAIN

The Aldeadavila dam on the Duero River lies in a steep-sided gorge and impounds a reservoir of 114.8 hm³ capacity, of which 56.6 hm³ is live storage. The river at this point divides Spain from Portugal, and the frontier portion has been split into two zones, one run by each country. The Aldeadavila scheme belongs to, and is run by, Iberduero S.A. for hydro power. An underground powerstation near the dam houses 6 Francis sets each rated at 140MW turbining 103 m³/s under a net head of 139m. Average generation in normal years is 3.4 TWh. The dam is an arch gravity structure, 140m high and 250m long at the crest.

The Duero rises in old Castille near Soria, and flows westwards to the Atlantic at Oporto, in Portugal. Annual runoff at Aldeadavila is approximately 12 000 hm³. Like most Spanish rivers, the Duero is very irregular. The design flood peak was taken at 12 000 m³/s and a flood of 10 000 m³/s was experienced during construction of the dam. There are eight surface gates (14 x 8.30m) with ski jump chutes (see Figs.) for a maximum capacity of 10 000 m³/s. Another surface spillway with two gates and a tunnel through the right bank can handle 2,800 m³/s. Lastly, there are two bottom outlets providing 300 m³/s capacities.

Inspection is not compulsory but is made by divers or by drawing down the reservoir if problems are suspected.

The bottom outlets are exercised every six months at full opening under maximum head, a good example of recommended practice. The surface spillway gates are exercised twice yearly, to full opening, when the reservoir level is below the sill. There is no requirement for compensation water.

There is one attendant in the powerstation and another at the dam on a shift basis. Periodical overhauls are done with 5 extra men.

OPERATION DURING FLOODS

The criterion in flood periods is not to increase the maximum stream flow or rate of propagation. There are rain gauges over the whole Duero basin. The Hydrology Department collects the information and uses it for its predictions. Standing snow and its possible effect in the event of sudden melting is also measured. Floods are predicted mainly from the accurate information from dams farther upstream (5 on the Duero and 3 on the Tormes). This provides fully effective warning, because inflow into the reservoir itself is small.

Water levels are measured with gauges installed in wells to damp out the waves. There is 72 hours warning of the arrival of the flood.

The flood criterion is when flow exceeds 1,000 m³/s. If the flood arrives when the reservoir is full, there is an alert (considered more critical than ordinary flood period). The shift attendants collect information hourly and send it to the Central Operations Office which decides how much must be spilled with reference to the reservoir level and its rate-of-change, turbine discharge, spillway discharge and outflow from upstream dams.

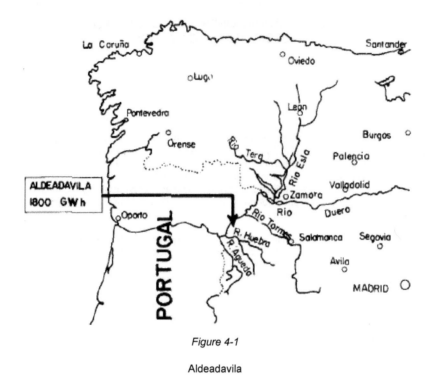

Figure 4-1

Aldeadavila

Plan de situation / Location map

The Central Office instructs the dam attendants as to the required discharge rate, and they open the spillway gates by the requisite amount, using charts showing discharge against gate opening and reservoir level.

The gates are remotely operated, although direct motorized operation is possible in the event of a fault in the system.

The above procedure refers to the gated spillways at the dam.

Operation of the side tunnel is simpler. The control gates are opened automatically on the basis of headwater level by a system responding to the percent of gate opening and the reservoir level (by means of a float switch).

The main data and criteria are sent over a power line high frequency circuit. Standby communications are provided by radio and a manual public telephone line.

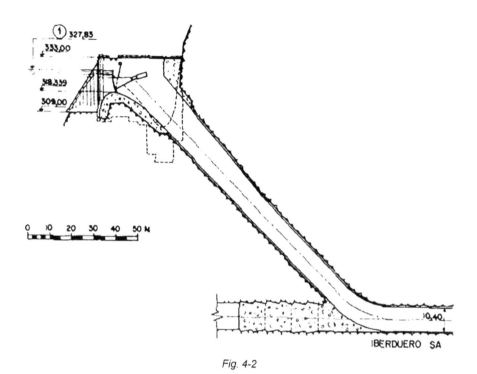

Fig. 4-2

Évacuateur de crue lateral / Lateral shaft spillway

1)	Niveau de retenue normale	Normal water level

Water level readings and gate opening signals are transmitted over dedicated underground lines.

The gate operating mechanisms have a double power supply and electrical circuitry. There is also a standby generating set if the normal supply breaks down.

We have here a large dam with a small relative capacity. Floods are severe but well monitored, because the Duero is controlled upstream of Aldeadavila. There is a shift service for the powerstation and gate operations, working on orders given by the Central Operations Office. An automatically controlled, gated spillway, opening as the reservoir level rises, relieves the attendants of the responsibility for discharging small floods.

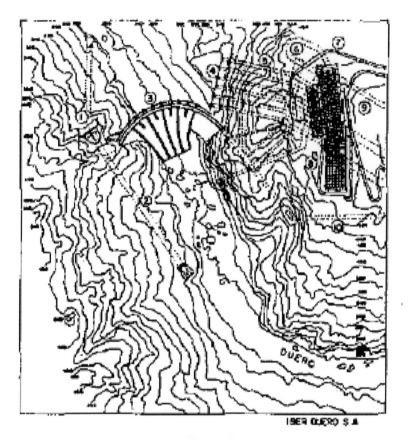

Figure 4-3

Aldeadavila Vue en plan / Plan view

1.	Entonnement (évacuateur de crue)	Intake (spillway)
2.	Dérivation provisoire	Diversion tunnel
3.	Barrage – Déversoir	Dam -spillway
4.	Prise d'eau (usine)	Intake (powerstation)
5.	Conduites forcées	Penstocks
6.	Usine	Powerstations
7.	Caverne des transformateurs	Transformer cavern
8.	Cheminée d'équilibre	Surge tank
9.	Poste haute tension	Switchyard
10.	Accès au barrage et à la prise d'eau	Access to dam and intake

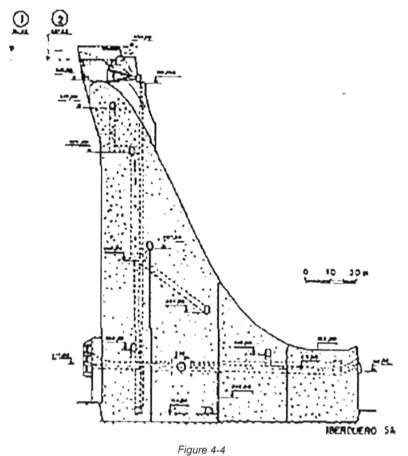

Figure 4-4

Aldeadavila Coupe sur l'évacuateur de crue de surface / Section through overflow spillway

1.	Niveau des plus hautes eaux	Maximum water level
2.	Niveau de retenue normale	Normal water level

APPENDIX 5 - OPERATION OF A LARGE DAM WITH A VERY LARGE RESERVOIR

GARIEP (PREVIOUS NAME: HENDRIK VERWOERD) ON THE ORANGE RIVER, RSA

Gariep dam is the cornerstone of the complex Orange River Development system, near the town of Colesberg in South Africa. It is an arch dam, 88m high, crest length 914m, with gravity wings at each end. Reservoir capacity is 5,955 hm^3. The catchment area down to the dam is approximately 850,000 km^2.

The Orange river rises in Lesotho and flows westwards across southern Africa into the Atlantic. It is a lively river with summer floods of up to 8,000 m^3/s and an annual runoff of 9,940 hm^3. The whole basin has been developed for the purposes of hydro power, irrigation, flood control, and domestic and industrial water supply, with three dams, Welbedacht, Gariep and P.K. Le Roux (now called Vanderkloof), built and run by the Department of Water Affairs.

Gariep dam has a hydro-electric powerstation at the toe, housing 4 generating sets of 80MW rating. The bottom outlets are controlled by two gates in series. The main spillways are high head types, with chutes behind. There are three on each gravity wing, and their capacity is 8,500 m^3/s. A free overflow central section adds a further 8,000 m^3/s.

Internal regulations require diver inspection of submerged parts every three years. The bottom outlets and spillway gates are tested to full opening monthly.

ORIGINAL OPERATION

Stream flow is apportioned to various uses, and operation endeavors to have the reservoir full at the end of the flood, to attenuate floods, and to maintain a certain minimum water level in the river.

Three-man shifts operate the dam and powerstation, and reinforcements are available during floods. The staff regularly collects data from the water level recorders, the Aliwal North gauging station, spillway discharge, turbine discharge and outflow from Welbedacht dam on the Caledon river. This information is transmitted over a manual public telephone line.

Calculations are made to determine:

- the flood peak,

- its time of arrival,

- ways of lowering or retarding it.

Operation of the three dams on the Orange River is optimized by running them together. Gate operations are therefore determined and effected locally by the personnel. The gates are motorized, with electricity supply from a standby generator in case of breakdown of the main source.

We have here an example of an operating method that is found in many countries. The dam is staffed on a shift basis, to determine what gate operations are necessary, and perform them. Safety is overriding in this instance, because of the size of the reservoir. This is reflected in the frequent full tests of the gates. They are an assurance of safety, giving the personnel full confidence in the equipment.

OPERATIONAL CHANGES

The Hendrik Verwoerd Dam was renamed Gariep Dam and PK le Roux Dam was renamed Vanderkloof Dam after the advent of democracy in 1994.

Initially the yield of the Orange River system exceeded the demand by a considerable margin which allowed the system to be operated to maximize hydropower generation. This in effect meant that any surplus water available was used as required to generate hydropower. Hydropower generation was concentrated in winter when power demands were highest but river flows were normally lowest. As environmental needs of river systems were developed, it became apparent that this created seasonal inversion of flows which were identified as adversely impacting on the ecological functioning of the river.

Over the years, the needs of downstream users have increased which required the introduction of operating curves to safeguard assurance of supply. These operating curves were based on storage capacity at a particular time and restricted hydropower generation when storage levels fell below the operating curves. The operating curves provided minimum storage levels for the Gariep and Vanderkloof Dams for each month of the year. While storage levels are above the operating curves, hydropower generation could take place as required and while storage levels are below the curves, the downstream demands determine the water available for hydropower generation.

In the mid nineteen eighties, systems analysis models were introduced into South Africa for water resource management and the planning and operation of multiple reservoir systems. These models have been developed and refined to cover most of the country and allow for the allocation of water resources to users with different risk profiles. These sophisticated models are run on at least an annual basis to determine allocations and any need for restrictions as well as the level of restriction required for each user category. These runs are also used to determine any surplus water available for hydropower generation beyond releases for downstream requirements.

More recently, as the demand on the system has approached the yield of the system, the operating curves are converging on the full supply level of the dams. The stage has now been reached where the downstream demands fully determine the water available for hydropower generation. Extra hydropower can usually only be generated while the dams are spilling or while annual system analysis operating runs indicate that excess water is available for this use. This limit on releases has resulted in the hydropower generation now being operated mainly for peak lopping.

For flood operation, there have also been modifications over the years. With the introduction of sophisticated computer models and real-time data links, it has become possible to centralize decision making where the impact of timing of arrival of flood peaks can be simulated and decisions made on controlling releases from the storage reservoirs to prevent flood peaks coinciding at confluences of tributaries. This is also achieved by not making releases and allowing the natural attenuation of the full reservoir to flatten the downstream discharge hydrograph. This has removed decision making from local dams to a remote flood control centre at which the larger impact of operations can be assessed and managed at river system level. The actual operation of gates is affected by local staff at the dam.

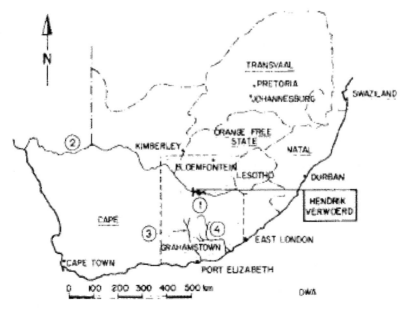

Figure 5-1

Aménagement de l'Orange – Plan de situation / Orange project – Location map

1.	Aménagement de l'Orange	Orange project
2.	Fleuve Orange	Orange river
3.	Rivière Sundays	Sundays river
4.	Rivière Fish	Fish river

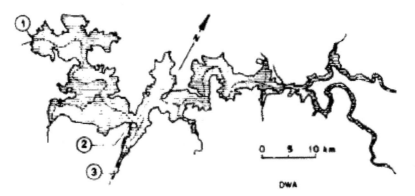

Figure 5-2

Barrage Gariep – Plan de la retenue / Gariep dam – Reservoir map

1.	Barrage	Main dam
2.	Prise d'eau	Intake
3.	Galerie Orange-Fish	Orange-Fish rivers tunnel

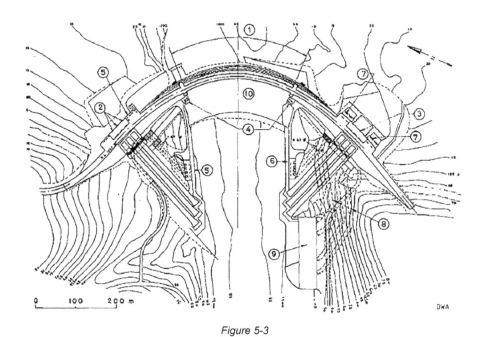

Figure 5-3

Barrage Gariep – Vue en plan / Gariep dam – Plan view

1.	Crête déversante	Overspill
2.	Évacuateur rive droite (3 vannes)	Right bank flood gates (3 gates)
3.	Évacuateur rive gauche (3 vannes)	Left bank flood gates (3 gates)
4.	Vannes de dévasement	Silt outlet valves
5.	Vidanges	Outlets
6.	By-pass	Bypass gates
7.	Prises d'eau	Intakes
8.	4 conduites forcée	4 penstocks
9.	Usine	Powerhouse
10.	Tapis de réception	Apron

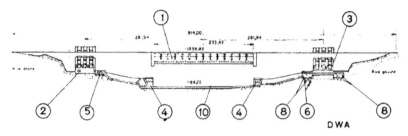

Figure 5-4

Barrage Gariep – Élévation aval / Gariep dam – Downstream elevation

1.	Crête déversante	Overspill
2.	Évacuateur rive droite	Right bank flood gates
3.	Évacuateur rive gauche	Left bank flood gates
4.	Vannes de dévasement	Silt outlet valves
5.	Vidanges	Outlets
6.	By-pass	Bypass gates
8.	Conduites forcée	Penstocks
10.	Tapis de réception	Apron

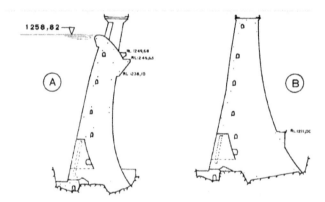

Fig. 5-5

Barrage Gariep / Gariep dam

1.	Coupe sur la partie déversante	Overspill section
2.	Coupe sur la partie non déversante	Non-overspill section

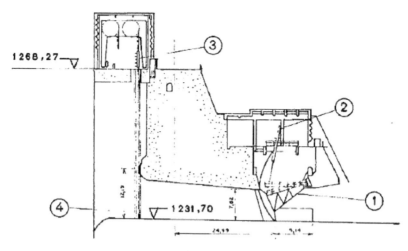

Figure 5-6

Barrage Gariep – Évacuateur latéral – Coupe sur un pertuis / Gariep dam – Section through flood gate opening

1.	Vanne segment (pertuis libre de 8,53 m de large et de 7,62 m de haut)	Radial flood gate for 8.53 m wide x 7.62 m high clear opening
2.	Servomoteur à huile	Hydraulic operating jack
3.	Batardeau pour pertuis de 8,53 m de large et 12,19 m de haut. Batardeau en 3 éléments. 3 sections	Maintenance flood gate for 8.53 m wide x 12.19 high clear opening. Gate in 3 sections
4.	Élément de batardeau de 4,06 m de hauteur	Maintenance flood gate section 4.06 m hight

APPENDIX 6 - TROPICAL CLIMATE, LARGE FLASH FLOODS

LUIS L LEON (EL GRA.NERO) ON THE RIO CONCHOS. MEXICO

North Mexico is an arid region with a tropical climate and large flash floods. The Luis L. Leon dam was built on the Rio Conchas from 1965 to 1968 to control these floods and irrigate 11,000 hectares. The river runs northwards in the Chihuahua province, and the dam lies near the town of Aldama.

It is a rockfill structure with central core (height 62m, crest length 330m). It impounds 850 hm³ of water, of which 260 hm³ is live storage. The catchment area is 58,340km², yielding an average annual runoff of 610 hm³. Precipitation is approximately 450mm per year. The maximum recorded inflow (28th September 1958) is 1,550 m³/s. The operator and the owner is the Secretaria de Recursos Hidraulicos (SRH).

DISCHARGE AND INTAKE WORKS

There is a gated surface spillway on the left bank with a capacity of 7,000 m³/s. The five gates are 10m wide and 15.10m high, operated electrically from a bridge over them. The spillway chute, 59m wide and 150m long, is curved, with a slope of 0.23. There is a stilling pool 5m deep, 10m wide and 59m long after the chute.

The intake structure is on the right bank, with two tunnels 4.5m in diameter and 780m long. One is used for irrigation, and the other, for the moment plugged off with concrete, is to supply a hydro-electric powerstation in the future. The irrigation tunnel is controlled by two gates at the downstream end; maximum capacity is 20 m³/s. The equipment has required no major repairs so far.

OPERATION

The reservoir is drawn down annually.

There is a permanent 5 operator shift service operating the dam and appurtenant works. Extra staff are available when necessary.

The flood warning procedure involves firstly data from a national agency which monitors weather events and possesses information on conditions at the more important reservoirs. It uses these data to elaborate runoff predictions with a computer model.

The model uses these predictions to optimize the dam water management strategy, aiming at keeping spillage to the minimum and safeguarding the dam and the public (for example, outflow from the dam is limited to 1,200 m³/s) with reference to possible errors between the calculated hydrograph and the hydrograph recorded at a gauging station slightly upstream of the dam. The model can include for spillage from other darns farther upstream.

It has been found that the abundance of data available on the catchment gives an accuracy of around 10% in the flood predictions. Physically, the information reaches the Central Office by radio or telephone. The Office processes the data to determine gate operations required. Instructions are sent to the dam attendants who open the electrically operated gates.

The operator is very pleased with the improvement this procedure has brought. Inclusion of precipitation data in the analysis considerably speeds up the estimating of flood flows, leaving time to prepare and implement the stream flow regulation policy most appropriate to current runoff conditions.

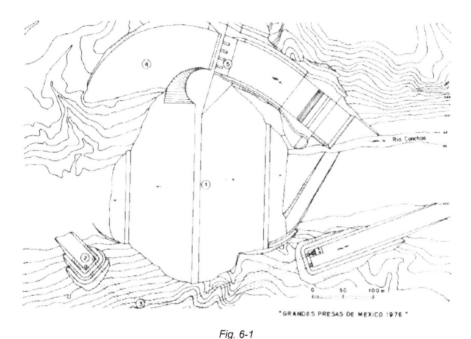

Fig. 6-1

Barrage Luis L. Leon – Vue en plan / Luis L. Leon dam – Plan view

1.	Barrage	Dam
2.	Prises d'eau	Intakes
3.	Galerie	Tunnels
4.	Évacuateur de crue	Spillway
5.	Vannes	Gates

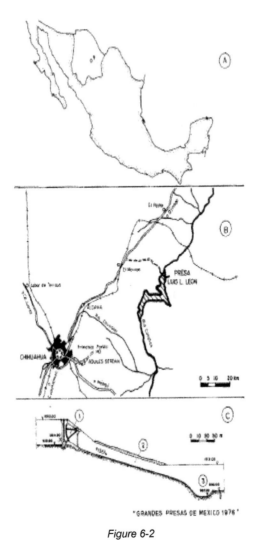

Figure 6-2

Barrage Luis L. Leon / Luis L. Leon dam

A.	Plan de situation (petite échelle)	Location map (small scale)
B.	Plan de situation (grande échelle)	Location map (large scale)
C.	Évacuateur de crue rive gauche	Left bank spillway
1.	Vannes segment	Radial gates
2.	Coursier	Chute
3.	Bassin d'amortissement	Stilling basin

APPENDIX 7 - MULTI-PURPOSE DAM RUN BY A VERY LARGE OPERATOR

FOLSOM DAM ON THE AMERICAN RIVER, CALIFORNIA, USA

Folsom Dam, built on the American River in California in 1956, is a concrete gravity structure 104 m high and approximately 450 m long at the crest. The main overflow spillway surmounting the crest, controlled by eight surface gates and ski-jump chute, is designed for 16,000 m³/s. Eight bottom outlets through the dam are controlled at their downstream ends.

Gross reservoir capacity is 1,246 hm³, roughly equal to one-third of annual inflow. The flood season lasts from early November to early May.

Folsom Dam is a multi-purpose dam providing hydropower, irrigation water, flood control, domestic and industrial water supply and recreational facilities. It is owned and operated by the U.S. Bureau of Reclamation (Reclamation).

Construction of a new auxiliary spillway project is underway. The auxiliary spillway project will construct: (1) an 1,100-foot (335 m) long approach channel; (2) a control structure containing six submerged tainter gates and six bulkhead gates; (3) a 3,027-foot (923 m) long spillway chute; and (4) a stilling basin that acts as an energy dissipater. The control structure will operate in conjunction with the existing spillway gates on Folsom Dam to manage releases from Folsom Lake. The new control structure will provide enhanced flood protection measures with dam safety risk reduction by allowing more water to be safely released earlier during a storm event. It will also reserve the flood storage space in the lake to accommodate the peak inflow and remaining storm volume as the water drains into the lake from the watershed. The computed maximum discharge capacity of the new spillway is estimated at 317,000 cfs (8,976 cms). The estimated construction completion date is October 2017.

INSPECTION AND TESTING

Internal regulations stipulate an underwater inspection done by diver every two years.

The bottom outlet control gates are tested to full opening at three monthly intervals, and the operating mechanisms are inspected yearly. The surface is tested preferably when the water level is below the sill to avoid releasing large flows into the river.

ROUTINE OPERATION

The control of Folsom Power Plant is performed by remote supervisory control at the Central Valley Operations Control Center (CVOCC). Folsom Lake is operated as part of a system, called the Central Valley Project (CVP), composed of several reservoirs supplying water and energy requirements in the Central Valley of California, USA. Each of the major CVP power plants are controlled from the CVOCC. The CVOCC is manned 24 hours each day of the year. A small number of operators are on standby in the field to manually perform power plant control should the supervisory control system experience an outage.

Standing operating procedures for each Reclamation dam lay down, in considerable detail, the operations required under all circumstances.

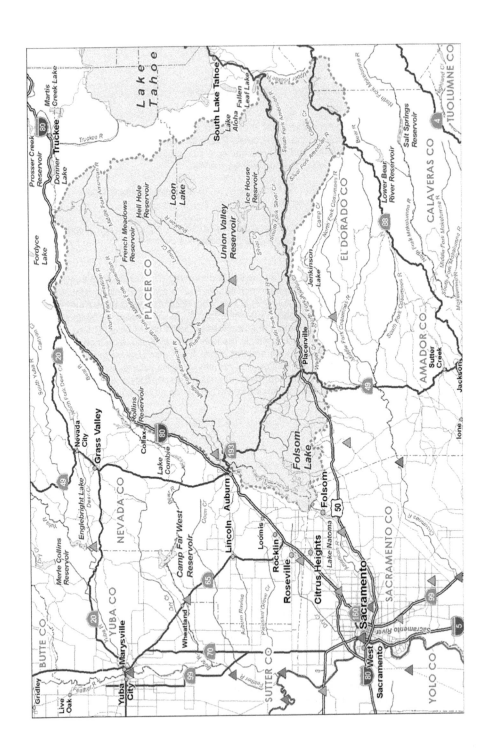

Folsom Main Dam and JFP Auxiliary Spillway

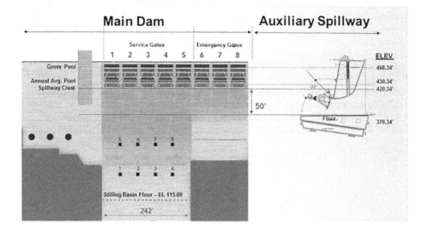

Communication channels are open between the technicians scheduling reservoir releases, the controllers at the CVOCC, and attendants at the dam. The CVOCC serves as the focal point for emergency operations. During a flood operation, releases from the reservoir are adjusted by manipulating spillway gates. These gates are motorized and operate under direct control. There are three power sources: power station, grid, and standby generator.

The Folsom Water Control Manual is being updated in conjunction with the construction of the new auxiliary spillway project. The objective of the Water Control Manual update is to include the new capabilities of the auxiliary spillway to maximize flood risk management benefits while also conserving as much water as possible. The estimated completion date of the Water Control Manual update is April 2017.